化学教科書シリーズ

第2版
物理化学 I
物質の構造

池上雄作・岩泉正基・手老省三 共著

塩川二朗
松田治和
松田好晴
谷口 宏
監修

丸善出版

発刊にあたって

　この「化学教科書シリーズ」は，大学の理・工学部において講義されている化学・応用化学系のカリキュラムで，必修科目あるいは選択必修科目（第一選択科目）とされている授業科目を取り上げて構成したもので，化学系学科は無論のこと化学系以外の学科の学生も対象としたものである．しかし，工業短期大学，工業高等専門学校の学生，生徒にも十分理解でき，教科書または参考書としても有用であるように考慮した．

　本シリーズの構成は，基礎的科目に重点をおいたことは勿論であるが，現在の化学が広範な領域に拡張されている状況をふまえ，境界領域の分野にも意を注ぐとともに，新素材，バイオテクノロジーなどの先端科学技術に関連のある巻をも配した．

　編集にあたっての基本的なポイントをあげると次のようである．

　① 抽象的な記述をさけ，できるだけ具体的にわかりやすい表現で，豊かな内容を盛り込むこと．

　② 図表を多く挿入して理解しやすくするとともに，図表の読み方，利用の仕方などを丁寧にのべること．

　③ むやみに多くの項目を取り上げ，いずれも中途半端で難解な内容になる愚をさけ，各巻ともミニマムエッセンスをのべるように努めること．

　④ 各巻とも原則として半期（2単位）で終了することのできる分量とし，また講義時間数を考慮に入れて各章の内容をまとめること．

　以上のような編集方針のもとに，本シリーズが"講義しやすい教科書"であ

ることを目指した．必要最小限にまとめた記述内容を材料として，これに適当に手を加えてうまく料理して戴き，学生にとって，消化しやすく，味も良く，栄養価の高い食べ物（講義）に仕上げて戴ければ幸である．

　本シリーズは全巻監修者と執筆者の連携によるものである．すなわち，監修者は読者の立場から，目次，内容，図表，表現などに対して，上記の編集方針に照らして様々な注文をつけた．執筆者には面倒で迷惑なことであったと思うが，難解，独善に陥ることのない本を世に出すことができたと自負している．

　　昭和63年　秋涼

監修者代表　塩　川　二　朗

監修者一覧

塩 川 二 朗　大阪大学名誉教授
松 田 治 和　大阪大学名誉教授
松 田 好 晴　山口大学名誉教授
谷 口 　 宏　九州大学名誉教授

初版まえがき

　本書は，物質の科学を学ぶときに必要な物理化学の基本的なことがらをまとめたもので，いわば基礎専門という立場から理工系学生の学習のために書かれている．

　高等学校で化学を学んだ諸君には，化学が物理学ときわめて密接な関係があることがおわかりのことと思う．化学の進歩の歴史をたどってみても，分子，原子の概念，化学熱力学，量子論などが物理学と密接な関係をもちながら芽生え，発展してきている．その発展の流れは今世紀にはいって物理化学として急速に開花した．物理化学は化学の広い領域に大きな影響を及ぼし，いわゆる物理化学的手法が化学の研究に浸透して，今日の化学全般の進歩の根源になった．このようなことを背景として，物理化学の学習書もその厚さを増し，また物理化学の学問はさらに専門分野へと分岐してきている．

　このようにみると，確かに物理化学は拡大の一途をたどってきたが，そのもっとも基本となる概念や法則を，化学の分野からみて，他の学習書ほど多くのページ数を要することなくまとめることは可能であろう，という考えのもとに，本書の構成を企画した．そこには，物理化学はきわめて広大で，難解な部分も多いけれども，本書にまとめた内容を概念として理解することがまず第一で，次の専門的な学習のためにかならずや有益であるという企画の意図と期待が込められている．将来化学を専門としない諸君にとっても有意義であることはいうをまたない．

　そのような考えのもとで，物質の構造，化学熱力学，および速度論の三部構

成で本書を編成したが，その意味するところについては序論を参照されたい．

　化学は現代の最先端技術を支えている学問であり，また，先端技術は分子レベルの理解なしにはなりたちえないので，分子の挙動を理解することが今後ますます重要になることは明らかである．そこで，本書の第I分冊は，原子・分子のミクロな世界についての記述から物質の真の姿を理解できるように解説した．

　ところで，物理化学はよくむずかしいといわれる．それは，理解の困難な数式が多いことによると思われるので，抽象的な数式は極力避け，重要なものだけを掲げて，その前後を詳しく説明するように心掛けた．多少難解な場合にも，数式に深くとらわれることなく，通読することをお薦めしたい．

　本書を通読するなかから，化学現象はもとより，物質科学のいちばん基本となる物理化学の基礎概念を正しく学びとることを期待したい．

　最後に，編集については塩川二朗先生にご指導戴き，出版については丸善出版事業部の中村俊司氏のご支援を戴いた．各位に感謝の意を表したい．

　　平成3年　師走

　　　　　　　　　　　　　　　　　　　　　　　　　　　池　上　雄　作

第2版まえがき

　初版のまえがきに記したように，本書では抽象的な数式を極力避けて重要なものだけをあげるように努めたが，原子・分子などのミクロの世界の法則を理解するためには基本となる数式を避けることができない．そしてそれを理解するには，具体的に数値を入れて答えを出してみる試みが肝要である．その計算の段階で，なぜその物理量が数式に関係しているのかを実感として正しく理解することができる．数式に限らずほかの法則や経験則の場合も同じで，実際の分子や原子との結びつきを確かめることが重要であり，そのような試みが次に進むときの興味を駆り立て，理解を一段と深めることにつながる．

　多くの方々に初版を利用していただいたが，具体的な設問が欲しいとの意見が多く寄せられたので，問題を加えることを中心に本書を改訂することにした次第である．

　量子化学の基礎をどの範囲とするかは本書の構成の当初から深く考えたことであるが，初版に若干説明の足りないところがあったので，図の改良や追加を含めて内容の調整を図り，全体としてまとまりのよい教科書となるよう改善に努めた．

読者のみなさんには，第2章の問題から順に解いてみることを薦めたい．問題を解くにあたっては物理量の単位を正しく用いることと，付表BやEを適正に用いることにとくに留意して欲しいと思う．改訂の意義をご理解いただき，本書についてさらにご意見をお寄せいただくことを期待したい．

　　　平成12年　弥生

　　　　　　　　　　　　　　　　　　　　　　　池　上　雄　作

目　　次

1　序　　論 ……………………………………………………… 1

1・1　物質の科学としての物理化学 ……………………………… 2
1・2　物理化学略史 ………………………………………………… 5
　　　19世紀以前（6）　　量子論から量子化学へ（8）
1・3　SI 単位，記号，エネルギー値 …………………………… 10
　　　SI 単位と物理量（10）　　エネルギー値（11）

2　量子論の誕生 ………………………………………………… 13

2・1　ミクロの世界の物質観 ……………………………………… 14
2・2　熱放射現象 …………………………………………………… 15
2・3　光電効果および光の波動性と粒子性 ……………………… 17
2・4　水素原子のスペクトル系列と Bohr の原子模型 ………… 19
2・5　Compton 効果 ……………………………………………… 22
2・6　物質のもつ波動性，de Broglie 波 ………………………… 23
2・7　不確定性原理 ………………………………………………… 25
2・8　Schrödinger 方程式 ………………………………………… 27
2・9　箱の中の粒子の量子論による記述 ………………………… 29
　　　問　題 ………………………………………………………… 32

3 原子の構造 ……………………………………………… 35

- 3・1 水素型原子 ……………………………………… 36
- 3・2 電子スピン ……………………………………… 44
- 3・3 Pauli の排他原理 ……………………………… 45
- 3・4 元素の周期性と電子配置 ……………………… 47
- 3・5 イオン化エネルギーと電子親和力 …………… 52
- 問　題 …………………………………………… 55

4 化学結合 ……………………………………………… 57

- 4・1 水素分子の結合—Heitler-London の理論 …… 58
- 4・2 電子スピンを含めた波動関数 ………………… 61
- 4・3 水素分子イオンと水素分子—分子軌道法 …… 63
- 4・4 等核二原子分子 ………………………………… 67
- 4・5 異核二原子分子と結合のイオン性 …………… 71
- 4・6 結合の方向性—混成軌道 ……………………… 75
- 4・7 共役二重結合系の分子軌道法 ………………… 80
- 4・8 d 軌道電子の結合 ……………………………… 86
- 問　題 …………………………………………… 92

5 分子間に働く力 ……………………………………… 95

- 5・1 電気双極子-双極子相互作用 …………………… 96
- 5・2 双極子-誘起双極子相互作用，誘起双極子-誘起双極子相互作用 …………………………………………… 97
- 5・3 交換反発力と Lennard-Jones のポテンシャル … 99
- 5・4 水素結合 ………………………………………… 101

  5・5 電荷移動錯体 ……………………………………… *103*
    問　題 ……………………………………………… *106*

6　固体の構造 ……………………………………………… *109*

  6・1 固体の結合 ……………………………………… *110*
    van der Waals 結合（*110*）　　イオン結合（*111*）　　共有結合（*113*）　　金属と金属結合, 半導体（*114*）　　水素結合（*117*）
  6・2 結晶格子 ………………………………………… *117*
  6・3 非晶系 …………………………………………… *121*
    問　題 ……………………………………………… *122*

7　分子スペクトル ………………………………………… *125*

  7・1 分子分光学の一般論 …………………………… *126*
    電磁波とエネルギー（*126*）　　分子のもつエネルギー（*127*）　　吸収, 発光, ラマン分光学（*129*）　　スペクトル線の強度と遷移確率（*130*）
  7・2 回転スペクトル ………………………………… *131*
  7・3 二原子分子の振動スペクトル ………………… *135*
  7・4 振動回転スペクトル …………………………… *139*
  7・5 多原子分子の振動スペクトル ………………… *141*
  7・6 電子スペクトル ………………………………… *144*
  7・7 電子スピン共鳴 ………………………………… *149*
  7・8 核磁気共鳴 ……………………………………… *153*
    問　題 ……………………………………………… *158*

  章末問題の解答 ………………………………………… *161*

付　表 …………………………………………………… *169*

付　録 …………………………………………………… *171*

索　引 …………………………………………………… *175*

1 序論

　化学のなかで物理化学がどのようなことがらを学ぶかについて述べ，その基盤が19世紀中頃の熱力学にはじまる化学熱力学と，20世紀にはいってから誕生した量子論にあることを歴史的な変遷をまじえて解説する．化学熱力学はどちらかというとわれわれが眼でみる現象や実験結果を解釈する巨視的な分野で，化学反応速度の解釈や電気化学などもこのほうに属する．物質を細分化していくと，究極的に原子や分子という極微の世界に到達するが，原子・分子の構造や化学結合の本質を理解するには量子論の考え方が不可欠である．それは，微視的立場からの物理化学である．

1・1　物質の科学としての物理化学

　物理化学は原子・分子，その集合体としての化学物質の構造，性質，変化，反応の機構，それに伴うエネルギーの変化を取り扱う化学の一分野である．別の表現を借りれば，化学的な諸現象を，物理学的に築きあげられた基本法則や実験法を用いて研究する物質科学の一分野であり，理論的考察を含めて化学現象を統一的，体系的に解明しようとする学問である．

　化学では物質に関する性質，構造，反応，合成，製造，利用が取り扱われる．その物質はこれまで知られているものだけでも1000万種に及ぶとされており，多種多様な物質の科学を一筋の学問体系としてまとめることは不可能に近い．そのため，物質群によってたとえば金属，非金属とか，無機化合物，有機化合物，生体関連物質，高分子，コロイドなどといったように分類される化学の分野があり，一方学理や目的を中心にして，物理化学，分析化学，合成化学，反応化学，材料化学，電気化学，工業化学，医化学，薬化学，農芸化学，環境化学などといったように分類される分野があって，それぞれが専門分野として発展の道を歩んでいる．そのなかで物理化学は，化学現象を統一的，体系的に解釈しようという基本的学理を学ぶことになるので，ほかのいずれの専門分野にも共通の基盤をなす．

　物理化学を学ぶにあたっての重要な概念を三つだけあげておこう．

　（1）　物質の性質，構造，変化などを体系的に理解するには，元素・原子・分子といった物質の構成要素の科学を学び，それらの結合体や集合体として巨視的物質の性質を理解することが重要である．今世紀にはいって，物質の科学は，製造，利用の技術面を含めて大きな進歩を遂げたが，その背景として，量子論の誕生以後に原子・分子の構造や電子の性質が急速に明らかになったことがあげられる．高等学校の化学で学ぶ"物質の構成粒子"がその基礎概念にあたる．

　単独の水分子はH—O—Hの結合角が104.5°，H—Oの核間距離は0.09575 nmであることが知られている．HとOの原子の大きさの違い，H—O結合の

性格，H—O—H が直線分子でない理由，水分子の振動などがミクロの分子の世界の課題であり，これらは量子論に基づいて理解される．水が結晶化すると，図1・1に示すように分子が配列するが，この場合，水素結合が多数の分子を引きつけて集合体をつくる分子間力として重要な役割を果している．液体の水では氷の場合のように全分子が整然と配列しないが，水素結合が網目状にできて，切れたりついたりしている．水の場合に限らず純物質はその物質に特有な融点，沸点，密度，屈折率などの物理的性質を示すが，それらは分子やイオンの集合体の性質であり，そこには分子やイオンの性格が反映してきている．

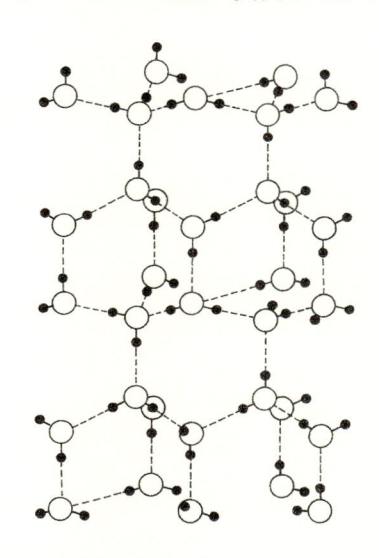

○：酸素原子，●：水素原子

図1・1 氷結晶の水分子の配列
（破線は水素結合）

（2）物質の変化は状態の変化と化学反応による変化とに大別できるが，いずれの場合にもエネルギーの変化を伴う．化学の分野では，古くからもっともよく利用されてきた熱エネルギーを取り扱う学問として化学熱力学がある．化学熱力学はもともと巨視的な，つまり，われわれが実際に取り扱う量の物質の変化と結びつけて確立されたもので，化学全般にわたって重要な柱の一つとなっている．身近な具体例をあげておこう．

$$H_2O(l) \longrightarrow H_2O(g)$$
$$\Delta H(298.15 \text{ K}) = 44.01 \text{ kJ mol}^{-1} \tag{1・1}$$

これは，水（液体）の蒸発熱が 1 atm，25 ℃ の標準状態で 1 mol あたり 44.01 kJ であることを表しており，状態の変化に伴うエネルギー変化である．次式の場合は物質の化学変化に伴うエネルギー変化の例で，プロパン 1 mol の燃焼熱が 2 220.0 kJ であることを表している．

$$C_3H_8(g) + 5\,O_2(g) \longrightarrow 3\,CO_2(g) + 4\,H_2O(l)$$
$$\Delta H(298.15\text{ K}) = -2\,220.0 \text{ kJ mol}^{-1}$$
(1・2)

実際に物質を反応させ，合成するときは，その反応式とその変化に伴うエネルギー変化量が重要である．そのエネルギー量は熱力学によって取り扱われる巨視的な（マクロの）エネルギーである．

一方，物質のエネルギー値として，分子や原子の構造と結びつけて理解される微視的な（ミクロの）エネルギーがある．たとえば，特異な例であるが，"緑色の木の葉は波長 700 nm の赤色光を吸収しており，その赤色光は 171 kJ mol^{-1} のエネルギーをもつ"という形で表現されるようなエネルギーである．これは，葉緑素分子に 700 nm の波長の光を吸収するしくみがあることに相当するから，分子と電磁波との相互作用として理解される性質のエネルギーである．分子や原子の構造とエネルギー値との結びつきは量子論に基づいて説明され，このような分子構造と結びつくエネルギー値は微視的なエネルギーである．

物理化学はマクロのエネルギーとミクロのエネルギーを整然と結びつけているが，さまざまな形で表されるエネルギーの大きさとその値のもつ意味を正しく把握することが，物理化学学習の一つの目標であるといってよい．

（3）物理化学のもう一つの重要な柱として反応速度論がある．化学は物質科学の学問であるとよくいわれるが，自然界での物質の変化，実験室で行う化学反応，工業的な化学物質の製造など，いずれの場合にも反応速度は重要な課題である．その速度を一般論として統一的，体系的に解釈するために反応速度論がある．一つの化学反応の速度を支配する因子として，濃度，圧力，温度がよく知られているが，さらに気体分子の運動，反応速度式，複雑な反応系の解析，反応機構の取扱いなどが含まれる．反応速度は反応系と生成系のエネルギー状態に本質的に左右されるので，化学熱力学とは不可分の関係にある．ま

た，反応がどのような過程を経て進行するかは，反応系に関与する物質の化学構造上の特徴と結びつけて理解される．

　本書，物理化学Ⅰでは量子論を，物理化学Ⅱでは化学熱力学，反応速度論のそれぞれのもっとも基本的なことがらを把握することに重点をおいて順次解説する．その概念を理解するのに物理化学の歴史が役に立つので，本論に先だって次節で概説しておこう．また，物理化学における記号や単位の表現上の約束を1・3節で述べておこう．

1・2　物理化学略史

　あらゆる物質が原子・分子からできていることは今日ではよく知られており，分子や原子の構造を描けるほど明らかになっているが，それは20世紀になって量子論が誕生し，それが化学の分野に浸透して，理論と実験方法が急速な進歩を遂げてからのことである．量子論には"量子化されたエネルギー"という基本概念があり，その考え方は，それまで熱エネルギーを中心に熱力学としてエネルギーを取り扱ってきた考え方と異質のものである．

　一方，熱力学は19世紀半ばにその基本的法則が見出され，"物質の変化に伴う熱の出入り"という形で化学と密接な関係をもつようになり，化学熱力学として化学のなかで重要な位置を占めるようになった．ところで，化学では熱が一つの重要なエネルギーであるが，熱以外のエネルギーとして，電気分解や電池には電気エネルギーが，光の吸収や発光には光エネルギーがかかわりをもつ．また，微視的にみると化学結合をつくる力は結合エネルギーとして表現される．したがって，熱エネルギーだけでなく，ほかの形のエネルギーも含めてエネルギーを理解する必要がある．

　物質とエネルギーを結びつけて理解する近代科学は，多くの先駆者の着想と実験結果の成果として築き上げられてきたが，その発展の歴史を表1・1に簡潔にまとめて，主要な流れを以下に説明しておこう．

表 1・1　物理化学略史

年	人　名	事　項
1637	R. Descartes(フランス)	"方法序説"の公表
1687	I. Newton(イギリス)	"プリンキピア"(自然哲学の数学的諸原理)の発表，運動の法則
1690	C. Huygens(オランダ)	光の波動説
1762〜1764	J. Black(イギリス)	潜熱の概念を解明
1775	J. Watt, M. Boulton(イギリス)	蒸気機関の発明
1785	C. A. de Coulomb(フランス)	クーロン法則の発見
1808	J. Dalton(イギリス)	原子概念の導入
1811	A. Avogadro(イタリア)	アボガドロの法則，分子説
1824	N. L. S. Carnot(フランス)	カルノーサイクルの考案
1831	M. Faraday(イギリス)	ファラデーの法則
1842〜1847	J. R. von Mayer(ドイツ) H. L. F. von Hermholtz(ドイツ) J. P. Joule(イギリス)	熱を含むエネルギー保存則：熱力学第一法則，熱の仕事当量の決定
1851	R. J. E. Clausius(ドイツ) W. Thomson(L. Kelvin)(イギリス)	熱力学第二法則：エントロピー概念の導入
1864	J. C. Maxwell(イギリス)	電磁気理論の完成
1868	L. E. Boltzmann(オーストリア)	マクスウェル-ボルツマン分布関数
1888	H. R. Hertz(ドイツ)	電磁波の検証実験
1897	J. J. Thomson(イギリス)	電子の存在を確認
1900	M. Planck(ドイツ)	量子仮説
1905	A. Einstein(ドイツ，スイス，アメリカ)	光量子説，特殊相対性理論
1911	E. Rutherford(イギリス)	ラザフォードの原子模型提唱
1913	N. H. D. Bohr(デンマーク)	ボーアの原子模型(水素原子模型理論)
1924	D. L.-V. de Broglie(フランス)	物質波の概念
1925	W. Pauli(スイス)	パウリの排他原理
1926	W. K. Heisenberg(ドイツ) E. Schrödinger(オーストリア)	量子力学の確立
1928	P. A. M. Dirac(イギリス)	相対論的量子力学の提唱
1932	J. Chadwick(イギリス)	中性子の発見
1933	L. Pauling(アメリカ)	共鳴理論
1934	湯川秀樹(日本)	中間子存在の予言
1942	E. Fermi(イタリア，アメリカ)	世界最初の原子炉完成
1952	福井謙一(日本)	フロンティア軌道理論の発表

1・2・1　19世紀以前

　物体間に働く力とその力による運動との関係を取り扱う力学は，17世紀はじ

めのJ. KeplerやG. Galileoの先駆的な仕事をもとに，I. Newtonが1687年に"Principia"を出版したことによって大きく進歩した．Newtonは質量と力の概念を導入し，時間変化を定量的に扱う数理科学としてニュートン力学をつくり上げた．それから100年後の1788年，J. L. Lagrangeが"解析力学"を出版し，そのなかで運動エネルギーとポテンシャルエネルギーの和が一定であるという力学的エネルギーの保存則を数理論的に確立している．

熱を定量的に扱う研究は18世紀中頃の温度計の確立にはじまるといわれているが，この熱と温度との区別は，J. Blackが氷の融解潜熱と熱容量を発見したことによって明確になった．すなわち，氷が融ける間は熱を加えても温度が上昇しない現象と，一定量の熱を加えても物質によって温度の上昇度が異なるという現象が発見されたのである．熱に関する理論は19世紀中頃，Jouleの実験とカルノーサイクルの考案が契機となり，熱力学第一法則，つづいて第二法則が発見されたことによって，その大筋が生み出された．さまざまな形のエネルギーの相互変換にさいして，エネルギーの総量は不変であるというエネルギー保存則が一般原理として導入され，普遍的保存量としてエネルギーを取り扱う考え方が確立した．熱力学は力学的エネルギーと熱エネルギーの二つの関連性をもとにしてつくられた．

電気が科学の対象となったのは16世紀以降といわれており，学問としての展開は1785年のCoulomb法則の発見が契機となった．その後，電流の磁気作用（H. C. Oersted, A. M. Ampère, 1820年），オームの法則（G. S. Ohm, 1826年），電磁誘導（M. Faraday, 1831年）などの現象がつぎつぎと発見され，それらの現象をまとめ上げたのが，J. C. Maxwell（1864年）である．古典電磁気学はこのとき一応の完成をみたといってよい．

光の本質は17世紀から議論され，G. Galileoの微粒子説やR. Descartesの渦運動説が知られていたが，その後もいろいろな説が唱えられた．I. Newtonの粒子説（1666年），R. Hookeの波動説を発展させたC. Huygensの二次波の概念（1690年），A. J. Fresnelの波動説（1816年以降）などが代表的な説であった．19世紀後半にはいって電磁気理論をまとめ上げたJ. C. Maxwellは，電磁波を波動方程式の形に表すことに成功したが，その方程式に電磁気現象の

実験から得た定数を入れたところ，理論的に得られた電磁波の速度が，実験的に求めた光の速度と一致した（1867年）．このことから，彼は光は電磁波であると考えた．1888年，H. R. Hertz が火花放電によって電磁波を発生させることに成功し，その成功によって光電磁波説は実験的に証明され，ゆるぎないものになった．

化学物質という見方から歴史をみると，4世紀から17世紀までつづいたといわれる錬金術は，いろいろな薬品や実験法をつくりだすことはできたが，学問としての物質の科学を生み出すには至らなかった．化学は，18世紀後半から質量不変の法則（1774年），定比例の法則（1799年），気体反応の法則（1808年），原子概念の導入（1808年），アボガドロの法則・分子説（1811年）などの法則や概念がつぎつぎと発表されて，学問として体系化される道にはいった．このことを契機にして，物質の分離，反応，合成の化学が，19世紀後半には画期的な進歩をみせた．しかし一方，前述の熱，電気，光といった物理現象を物質に結びつけて説明する一般論を19世紀以前に求めることはむずかしい．それは，物質の構造について，分子説（A. Avogadro, 1811年）は19世紀後半には信じられていたとしても，分子の形や原子の構造に関する知識がきわめて乏しかったのであるから，むしろ当然のことである．ただし，ミクロな粒子の運動に確率論を適用して，マクロな系の性質を粒子集団の統計的法則によって取り扱うことができることを示した統計力学は，熱力学とともに19世紀後半に確立されている．

1・2・2　量子論から量子化学へ

物質の科学は，1900年を境にして，物理現象とみられる熱や光のエネルギーを物質の構造と結びつけて理解するという形に大きく転換することになった．ここでは，とくに重要な二つの理論をあげておこう．一つは，1905年 A. Einstein によって提出された特殊相対性理論である．これは，慣性座標系における物理法則を取り扱った理論で，時間，空間，質量，エネルギーに対する従来の考え方を基本的に変え，しかもニュートン力学の運動方程式や電磁気学の基本方程式をも包含するもので，物理学上20世紀における最大の発見の一つに

数えられている．そのなかに"質量とエネルギーは転化し得る"という内容が含まれている．物質には質量不変の法則，エネルギーにはエネルギー保存の法則があって，物質の状態を質量とエネルギーの二つの量に分離して考えてよいという大前提が今世紀はじめまでは信じられていた．しかし，相対性理論はこの大前提をくつがえし，質量もエネルギーも一つの形態 $E=mc^2$（c は光の速度）の関係で結ばれ，質量とエネルギーの収支を考えるときはそれらをべつべつに取り扱うことはできず，本質的には同じ枠の中に入れて取り扱う必要があることを示した．ただし，現実にはわれわれが化学変化で取り扱うエネルギー量を質量に換算してみても，とても感知し得るほどの量にならないので，別個に扱っても不都合が生じることはまったくない．

もう一つは，エネルギー量子という概念の確立である．物質と電磁波の性質を対象とした学問は，19世紀末から微視的なミクロの世界へと急速に深められていった．1887年に光電効果が発見され，その後X線の発見，電子の存在の確認，熱放射に関するM. Planck の式と量子仮説，A. Einstein による光量子説とつづいて，E. Rutherford の原子模型，N. Bohr の原子模型の提唱に到達している．さらに，de Broglie による物質の波動性の理論的な予測，W. K. Heisenberg と E. Schrödinger による波動方程式の導出，量子力学，および P. A. M. Dirac による相対論的量子力学へと進んで，原子，電子といったミクロの世界の物理法則が完成した．エネルギーという物理量がある単位の整数倍しかとり得ないとき，その単位量を量子（quantum）とよぶ．M. Planck が，熱放射の波長とエネルギー分布の関係を完全に解釈するためには，振動数 ν の放射線のエネルギーは連続的な値でなく，とびとびの量子化された値しかとり得ないと考えた仮説（1900年）が，量子力学誕生の端緒となった．その仮説から Einstein の光量子説（1905年）をふまえて，N. Bohr は原子模型を提出し，これが原子構造模型の原形となった．

電子の運動は完全に量子論の考え方に支配されている．一方，化学結合は電子が形成しており，化学反応は電子の授受や組換えであることを考えれば，近代化学が量子論を存分に取り入れて発展してきたことはよく理解できるであろう．量子化学は量子論と化学を結びつける学問分野として確立された．

今世紀当初の二十数年にわたる変動期を境にして，光の本質に対する考え方は大きく変わり，光を波動性と粒子性という二つの性格をもつ現象としてとらえる概念（光の二元性という）が確立した．熱現象に対する考え方も微視的な方向へと深められてきた．われわれの眼でみて力学的エネルギーをもっていない物体でも，それを構成している原子・分子・イオンなどミクロの世界の粒子は，その温度に応じて振動や回転の熱運動を恒常的に行っている．物質の構成が明らかになるにつれて，熱現象をミクロな粒子の運動に基づいて解釈する理論体系が統計力学として L. E. Boltzmann によって築き上げられ，また，それをもとに統計熱力学が確立されて，分子論に立脚した熱現象の解釈が行われるようになった．

以上，簡単に物理化学の歴史を振り返ったが，物質の本質を解明しようとする学問が，物理現象やエネルギーを理解する学問と深いかかわりあいをもちながら，マクロからミクロへと徐々に深められてきたことが理解できたであろう．このようにして築き上げられた物理化学は，巨視的な面と微視的な面を包含する広くて深いものになったのである．

1・3 SI単位，記号，エネルギー値

物理化学では，物理量の表し方の約束を正しく理解しておく必要がある．1960年代からその表現法を国際的に統一しようとする気運が高まり，自然科学の分野で共通した方式が用いられるようになってきた．本節では，本書で用いる表し方を説明しておこう．

1・3・1 SI単位と物理量

"物理量は，数値と単位の積である"と考える．つまり，$10\,\mathrm{g} = 10 \times \mathrm{g}$ の意味をもつ．数値はアラビア数字で表されるが，物理量と単位の表現に約束がある．すなわち，物理量の記号は，ラテン文字またはギリシャ文字の1文字を用い，イタリック体（斜体）で印刷する．その内容をさらに明確にするときは，上つき添字や下つき添字に特別な意味をもたせてつけ加える．単位の記号はロ

ーマン体（立体）で印刷する．

　長さ，質量，時間などの表示法には，古くからCGS単位系，MKS単位系，ヤードポンド法，尺貫法など多くの方式があるが，1960年に国際的に約束して決めた国際単位系（SI単位）が自然科学の分野で普及してきている．SI単位系では，7種の基本物理量（長さ l，質量 m，時間 t，電流 I，熱力学的温度 T，物質の量 n，光度 I_v）に対して，SI基本単位（それぞれメートル m，キログラム kg，秒 s，アンペア A，ケルビン K，モル mol，カンデラ cd）を決めている（巻末付表A参照）．他の物理量は物理学の公式を用いて表現できるので，その単位はSI基本単位の積や商の形で表現する．とくに使用頻度の多い物理量の単位としてSI誘導単位が決められており，たとえば力 F のN（ニュートン）＝m kg s^{-2}＝J m^{-1} やエネルギー E のJ＝m^2 kg s^{-2}＝N m などは誘導単位である（巻末付表B参照）．cal や l（リットル）のような単位はSI単位系では使用しない．単位記号の積は通常 m N，m・N，m×N のいずれかで，商は $\frac{m}{N}$，m/N，または m N^{-1} で表す．

　上記の規則に従うと，印刷文字では次のような違いがでてくる．

mg	ミリグラム
m g＝m・g	メートル×グラム
m g＝m・g	質量 m グラム
m g$_n$	質量 m×自由落下の標準加速度
Mg	メガグラム（＝10^3 kg），マグネシウムの元素記号

1・3・2　エネルギー値

　エネルギー量は仕事のできる能力という考え方に基づいて，物体にある力 F を加えて，それを l m だけ動かすときの仕事の量 $W=Fl$ を基本にして定義される．力の単位は N（ニュートン）で表され，1Nの力を加えて物体を1m動かしたときの仕事の量が1Jである．日常使用される cal との間に 1 cal＝4.184 J の関係がある．cal はもともと熱量の単位として決められたものであるが，熱の仕事当量の考え方を取り入れて，熱量をエネルギー量に換算してJ単位で表現することに決めている．

2

量子論の誕生

　物質を細分化していくと，究極的に分子やイオン，さらに原子の世界へたどりつく．原子は陽子，中性子，電子からなっているが，その極微の世界になると，粒子の挙動はわれわれが手にとるようなボールの運動とは違った姿になっている．量子論の世界である．しかし，その世界もわれわれが知覚で知っている自然界と遠くかけ離れたものではなく，たとえば，物質の色も量子論にのっとっており，物質を構成する分子の中の電子と光との相互作用として理解される現象である．

　極微の世界を支配している法則は，多くの科学者の着想と研究実験の成果として今世紀にはいってから築き上げられたが，その要点を熱放射，光電効果，水素原子のスペクトル，Bohrの原子模型，Compton効果，不確定性原理の順に取り上げて"とびとびのエネルギー"をもつ量子論の世界の基本的な考え方を導き，最後に電子の運動を記述する波動方程式を示したい．

2・1 ミクロの世界の物質観

　われわれは色彩豊かな美しい自然に囲まれて生活している．ただ美しいとだけ思うかもしれないが，自然は多くのことを語りかけてくれる．色鮮やかな花や緑の葉は，太陽光線から特定の波長の光だけを吸収することによってその色を示すのであって，すべての可視光線を吸収すれば，物質は真黒に見えるだけである．物質は可視光線に限らず，紫外線，赤外線など，いろいろな波長の電磁波を吸収するが，吸収する電磁波の波長は物質により決まっている．

　なぜ物質は固有の波長の光しか吸収しないのであろうか．このことを，物質を構成する原子・分子のレベルで考えてみると，原子あるいは分子が，それぞれに固有のエネルギーの状態しかとり得ないという非常に重要な性質と関連していることがわかる．すなわち，原子・分子はある特定の波長の光，いい換えると，ある特定の値のエネルギーを吸収して，安定な基底の状態から励起されるが，基底状態もエネルギーを吸収して生じた励起状態も，原子あるいは分子に固有のエネルギー状態であり，任意のエネルギー状態をとり得ないのである．一方，われわれの眼で観察し得るマクロの世界では，物質は任意の大きさのエネルギーを得て運動することができる．どうやら原子・分子などのミクロの世界の法則は，マクロの世界のものとは大きく異なるとみるべきであろう．マクロの世界では，はじめの状態と与えられたエネルギーの大きさがわかれば，物質の運動に対して以後の行動を予測することが可能である．ミクロの世界ではどうなのであろうか．

　われわれが物質の本当の姿を理解するためには，ミクロの世界の物質観を理解する必要がある．われわれの先達たちは，物質の本当の姿を理解しようとして難問に突き当り，それを乗り越えて，今世紀のはじめに新しい学問体系を生み出した．量子論の誕生である．以下，本章においては，量子論の誕生にかかわったいくつかの問題と，そこから生み出された波動方程式，またそれによってミクロの世界がどのように表されるかを，もっとも簡単な系を例にとって考えてみよう．

2・2 熱放射現象

量子論の誕生には，科学の発展の流れのなかで必然的ないくつかのきっかけが存在している．その一つが，ここで取り上げる熱放射の問題である．19世紀後半，ドイツは製鉄工業の発展に力を注ぎ，溶鉱炉中の溶鉄の温度と，そこから発する光（熱放射）との関係を調べるため，黒体を用いて温度と熱放射現象の相関が調べられた．ここで黒体を用いたのは，1859年に G. R. Kirchhoff の"物質は自分が吸収する光と同じ波長の光を発する"という発見があったので，どのような波長の光をも発し得る物体は，すべての光を吸収できる黒体であると考えたからである．W. Wien がこの発想（1895年）によって，実際に黒体として用いたのは，内部を球形にくり抜き，小さな穴によって外部と通じた金属塊であった（図2・1）．図2・1に示す小さな穴から入った光は内部で反射し，同じ穴から出てくる機会はほとんどない．つまり，どのような波長の光も吸収してしまうから完全黒体であると考えたのである．このような金属塊を用い

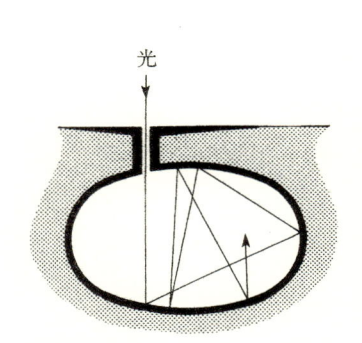

図 2・1　Wien の用いた黒体

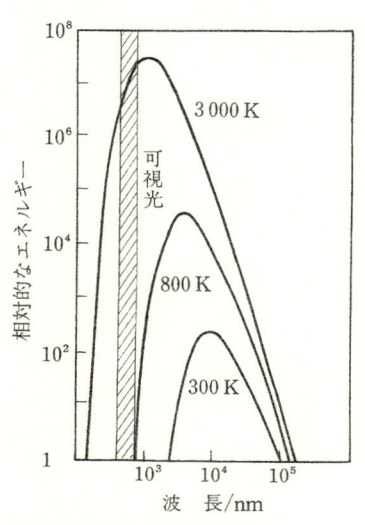

図 2・2　温度の関数として表した熱放射のエネルギー分布

て，いろいろな温度でその穴から放出される光を観測し，その強度と波長との関係を求めたのが図2・2である．放射エネルギーが極大を与える波長は，黒体（金属塊）の温度上昇とともに短いほうに移るのがわかる．図2・2の結果に対し，いくつかの理論的説明が試みられた．

1900年，L. Rayleigh と J. Jeans は古典的な立場から次のように考えた．すなわち，熱せられた球のなかにはいろいろな波長で振動している光の波が存在している．古典的な考え方によると，振動している光の波には，波長にかかわらず一様にエネルギーが分配される．したがって，穴から放射される波長 λ と $\lambda+d\lambda$ の範囲にある光のエネルギーは，その範囲にある光の波の数と各波に分配されたエネルギーの積に相当する．球体内部で振動している光の波は，球壁に節（p.31 参照）をもつような波であり，波長の短い波ほど，こきざみに違った波長の波がたくさん存在すると考えられるから，波長の短い放射光のほうが強度が強くなるはずである．このような，Rayleigh と Jeans の考えは放射光の長波長部の挙動はよく説明できたが，実際には短波長部では放射光の強度が減少し，短波長部の挙動は説明できなかった．これを紫外部破局という．

これに対して，同じく1900年，M. Planck は図2・2の短波長部の挙動をも説明できるようにするため，非常に大胆な仮定を導入した．すなわち，球体内で振動している光の波は，どのようなエネルギーでもとり得るのではなく，式(2・1)で示されるように振動数 ν に比例するエネルギー E をもち，振動数の整数倍に相当するエネルギーのみが出入りできると考えて，定式化を試みた．

$$E = nh\nu \quad (n=1, 2, 3, \cdots) \tag{2・1}$$

ここで，n は正の整数で $1, 2, 3, \cdots$ の値をとる．h は比例定数でプランク定数とよばれる．この考えによると，波長の短い光の波はエネルギーの分配を受ける割合が小さくなる．この考えに基づいて，温度 T，振動数 ν における輻射のエネルギー $\rho(\nu, T)$ を次のように導いた．

$$\rho(\nu, T) = \frac{8\pi h\nu^3}{c^3} \frac{1}{\exp(h\nu/kT)-1} \tag{2・2}$$

ここで，c は光の速度，k はボルツマン定数[*1] である．

[*1] 気体定数 R をアボガドロ定数 N_A（モル分子数）で割った値．II 巻1・5節参照．

Planck による式 (2・2) は，図2・2の実験結果をよく説明できた．Planck は"とびとびのエネルギー"という考えを導入したのである．この Planck による"光は不連続なとびとびのエネルギーをもつ"という考えは量子仮説とよばれ，きわめて重要な意味をもつことがその後しだいに明らかになってくる．振動する光の波は，その振動数に比例するエネルギーをもつというこの比例定数，すなわちプランク定数は，量子論におけるもっとも重要な定数の一つで，熱放射の実験から $h=6.61\times10^{-34}$ Js と定められた．現在は $h=6.62608\times10^{-34}$ Js の値が用いられている．

2・3 光電効果および光の波動性と粒子性

1888年，W. Hallwachs によって，金属に光をあてるとその表面から電子 (photoelectron) が飛び出してくるという現象 (光電効果, photoelectric effect) が見出されたが (図2・3)，この現象についてその後非常に興味ある事実が明らかにされた (図2・4)．すなわち，(1) 光の強度が増すと光電子の数が増える，(2) 光の振動数がある限界値 ν_0 以下のときは，照射する光の強さをいかに強くしても光電子は飛び出さない，(3) 光電子のエネルギーは照射光の強さと無関係で，照射光の振動数とともに増加する．

古典的波動論からの予想では，光電子のエネルギーは照射する光の強さによって変わり，照射光の振動数には関係しないはずである．いってみれば，古典論では以上のような光電効果の性質を説明することはできない．Planck は先

真空容器内に金属試料を置き，これに光を照射して飛び出してくる電子 (光電子) を電圧を加えた容器内壁の金属被膜で捕捉する．光電子の量は電流計によってはかる．

図 2・3　光電効果の観測法の一例

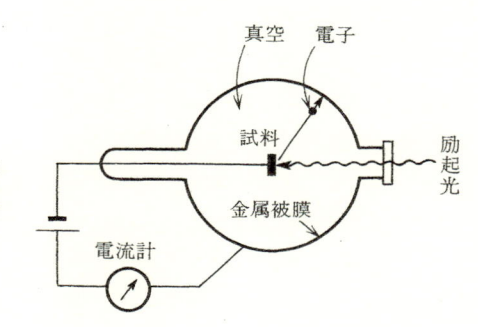

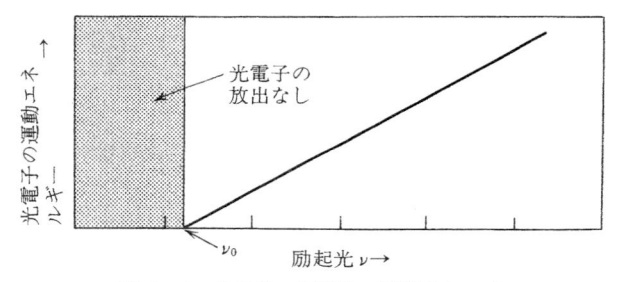

図 2・4 励起光の振動数の関数として表された光電子の運動エネルギー

に，振動数 ν の振動は $h\nu$ を単位としてその整数倍のエネルギーしかやりとりできないと考えたが，1905 年 A. Einstein は，Planck の仮説の拡張ともみられる考えで，振動数 ν の光は $h\nu$ という量のエネルギーをもつ粒子の流れであるとみると，光電効果が見事に説明できることを示した．この $h\nu$ というエネルギーをもつ光の流れは，光量子（light quantum）または光子（photon）とよばれる．この光子と電子とのエネルギーの授受を考えるのである．

 Einstein の考えによれば，電子が金属の内部から外へ飛び出すときに費やされるエネルギーを W とし，飛び出した光電子の質量および速度をそれぞれ m および v とすると，次の関係がなりたつ．

$$(1/2)mv^2 = h\nu - W \qquad (2\cdot 3)$$

ここで，W を金属の仕事関数とよんでいる．W の値は金属の種類によって異なる．$\nu_0 = W/h$ より振動数が小さいときは右辺は 0 より小さくなり，光電子は金属表面から飛び出さない．光の強度を大きくすることは光量子の数を多くすることであり，飛び出す光電子の数は多くなるが，光電子のもつエネルギー $(1/2)mv^2$ は変わらない．$(1/2)mv^2$ はもっぱら照射する光子のエネルギー，すなわち光の振動数によって決まる．このように，光を ν という振動数，すなわち波の性質（波動性）をもつ粒子（粒子性）であると考えることで，光電効果は見事に説明されることになった．

2・4 水素原子のスペクトル系列と Bohr の原子模型

19世紀中頃から分光学的実験が行われるようになってきたが,その過程のなかで,元素に特有なスペクトル線が観測された.水素原子についていえば,低圧の水素気体中で放電すると分子が解離して水素原子が生成するが,そのとき生ずる高いエネルギーをもつ水素原子から一連の発光スペクトルが観測される.これについて,1885年にJ. Balmerは可視部に観測される一連のスペクトル線の波長の間に,ある重要な関係則があることを見出した.これが,Balmer系列とよばれているスペクトル線群である.その後,1890年 J. Rydberg により,波長 λ の代わりに波数 $\tilde{\nu}$(波長の逆数)を用いると,Balmer系列が次のように二つの項の差によって表されるというきわめて示唆に富んだ発見がなされた.

$$\tilde{\nu} = \frac{1}{\lambda} = R\left(\frac{1}{2^2} - \frac{1}{n^2}\right) \quad (n = 3, 4, 5, \cdots) \quad (2 \cdot 4)$$

ここで,R は比例定数で現在リュードベリ定数とよばれており,109 737 cm^{-1} すなわち 3.2898×10^{15} Hz の値をもつ.さらに1906年にT. Lymanにより遠紫外部にLyman系列が,また同じく1906年に,L. Paschenにより赤外部にPaschen系列が発見された(図2・5).これらの発見をうけて,1908年にW. Ritz は,スペクトル線を波数で扱うと,すべてのスペクトル系列が次式のように二つの項の差で表されることを示した.

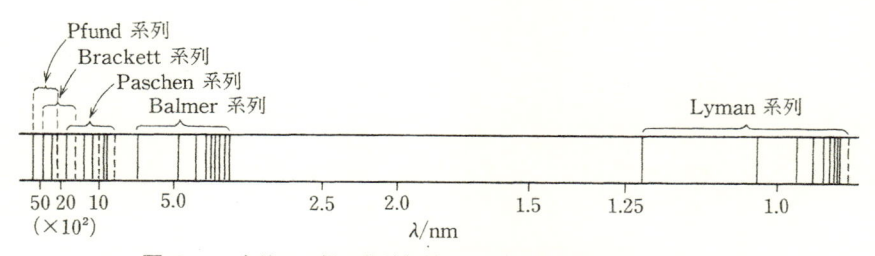

図 2・5 赤外・可視・紫外領域における水素原子のスペクトル

$$\frac{1}{\lambda} = R\left(\frac{1}{n_1^2} - \frac{1}{n_2^2}\right) \qquad (2\cdot5)$$

ここで，$n_1=1$ (Lyman 系列)，$n_1=2$ (Balmer 系列)，$n_1=3$ (Paschen 系列) で，$n_2=n_1+1, n_1+2, \cdots$ である．これが Ritz の結合原理 (combination principle) である．その後，1922年および 1924年に，遠赤外部にそれぞれ Brackett 系列，Pfund 系列が発見されている．

このような原子の構造と深いかかわりをもつと考えられる分光学的データをどのように解釈するか，いくつかの試みがなされたが，決定的前進をもたらしたのは，N. Bohr であった．1913年 Bohr は，水素原子について次のようなモデルを提案し，スペクトルを説明した．この Bohr の考えは，現代の量子論の立場に立つものではないが，次の進展への大きな足がかりを与えたので，その概略を説明しよう．

Bohr のモデルでは，質量 M，電荷 Ze（水素原子の場合は $Z=1$）の核の回りを，質量 m，電荷 $-e$ の電子が円軌道を描いて運動するという E. Rutherford のモデルから出発し，運動による遠心力 mv^2/r とクーロン力 $Ze^2/4\pi\varepsilon_0 r^2$ のバランスの上で円軌道が成立すると考える（図 2・6）．

$$\frac{mv^2}{r} = \frac{Ze^2}{4\pi\varepsilon_0 r^2} \qquad (2\cdot6)$$

ここで，r は円軌道の半径であり，ε_0 は真空中の誘電率である．電子のエネルギーは，運動エネルギー $T[=(1/2)mv^2]$ とポテンシャルエネルギー $V(=-Ze^2/4\pi\varepsilon_0 r)$ の和であるから

$$E = \frac{1}{2}mv^2 - \frac{Ze^2}{4\pi\varepsilon_0 r} = \frac{-Ze^2}{8\pi\varepsilon_0 r} \qquad (2\cdot7)$$

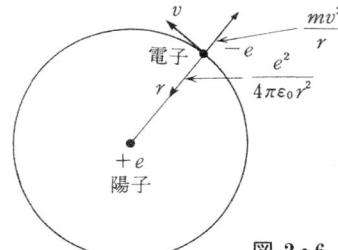

図 2・6　Bohr の水素原子モデル

この式によると,エネルギー値は連続的な値をとり得ることになるが,Bohr はきわめて大胆な仮定を導入する.すなわち,電子の軌道運動に対する角運動量 mvr が連続した任意の値をとるのではなく,$h/2\pi$ を単位としてその整数倍の値のみをとるものとする.

$$mvr = n(h/2\pi) \qquad (n=1, 2, 3, \cdots) \qquad (2\cdot 8)$$

このような仮定の導入により,水素原子の軌道半径 r は,式 (2・6),式 (2・8) から式 (2・9) のように n^2 に比例し,またそのエネルギー E は,式 (2・7) に式 (2・9) を代入することにより,式 (2・10) のように n^2 に反比例する量として表されることになる.

$$r_n = \frac{n^2 \varepsilon_0 h^2}{\pi m e^2 Z} \qquad (n=1, 2, 3, \cdots) \qquad (2\cdot 9)$$

$$E_n = -\left(\frac{me^4}{8\varepsilon_0^2 h^2}\right)\left(\frac{Z^2}{n^2}\right) \qquad (n=1, 2, 3, \cdots) \qquad (2\cdot 10)$$

すなわち,エネルギー値は連続的な値ではなく,非連続的なとびとびの値をと

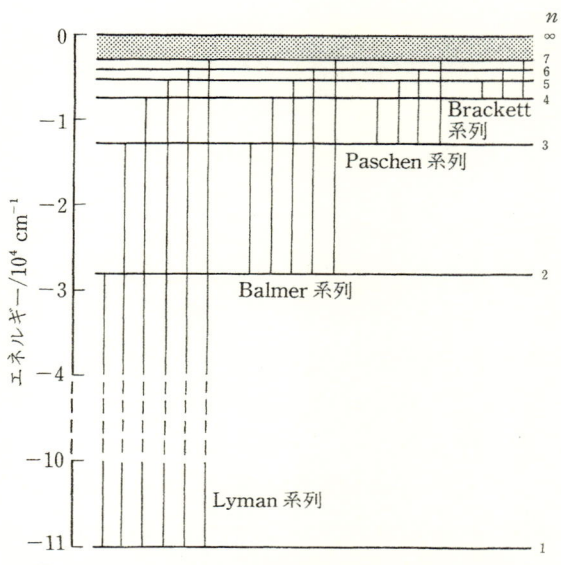

図 2・7 Bohr による水素原子のエネルギー準位図におけるスペクトル系列

ることになる．水素原子のスペクトルは，このような非連続的で異なるエネルギーをもつ状態の間を移り変わること(遷移, transition)により，その差のエネルギー $\Delta E = h\nu$ が出入りするため生ずると考える（図$2 \cdot 7$）．

$$\nu = \left(\frac{1}{h}\right)(E_{n2} - E_{n1}) = \left(\frac{me^4 Z^2}{8\varepsilon_0^2 h^3}\right)\left(\frac{1}{n_1^2} - \frac{1}{n_2^2}\right) \qquad (2 \cdot 11)$$

式（$2 \cdot 11$）は先に実験的に求められた式（$2 \cdot 5$）と同じ形であり，実験を非常によく説明できた[*2]．

また，もっとも小さな軌道の半径 a_0 は，式（$2 \cdot 9$）において $Z=1, n=1$ とした場合であり

$$a_0 = \frac{\varepsilon_0 h^2}{\pi m e^2} = 5.292 \times 10^{-11} \text{ m} = 0.05292 \text{ nm} \qquad (2 \cdot 12)$$

となる．この値は気体分子論から求められる半径と比べて納得のいくもので，Bohr 半径とよばれる．このような点で Bohr の水素原子モデルは基本的には正しいものと考えられたが，その後ヘリウムやその他の複雑な原子に対しては，この理論では説明できないことがわかり，また理論的基礎にも問題のあることがわかり，さらに新たな理論展開へと進むことになる．

$2 \cdot 5$　Compton 効果

1905 年，A. Einstein は光電効果を理論的に解釈するために，光は波としての性質のほかに粒子としての性質をもつとして，実験結果を説明することに成功した．その後，1923 年 A. H. Compton は，物質に X 線を照射したときに散乱されてくる X 線の波長が，もとの波長に比べて長くなるという現象，すなわち Compton 効果を発見した．この場合，波長のずれ $\Delta \lambda$ は入射光の波長に依

[*2]　振動数 ν を波数 $\tilde{\nu}$ で示すと，$\tilde{\nu} = 1/\lambda = \nu/c$ であるので，式（$2 \cdot 11$）は
$$\tilde{\nu} = \left(\frac{me^4 Z^2}{8c\varepsilon_0^2 h^3}\right)\left(\frac{1}{n_1^2} - \frac{1}{n_2^2}\right)$$
となり，式（$2 \cdot 4$），（$2 \cdot 5$）におけるリュードベリ定数 R は
$$R = \frac{me^4 Z^2}{8c\varepsilon_0^2 h^3}$$
となる（c は光の速度）．

存せず,散乱角 θ のみに依存する(図2・8).この現象は X 線を単に電磁波とみただけでは説明できない.X 線をエネルギーが $h\nu$ で,運動量 $h\nu/c$ をもつ光子と考え[*3],この光子が物質中の電子に衝突するさい,エネルギー保存則と運動量保存則のそれぞれが成り立っていると考えることで,

$$\Delta\lambda = (h/m_{\mathrm{e}}c)(1-\cos\theta) \qquad (2\cdot 13)$$

が導かれ,これが実験とよく合うことが示された.ここで,θ は散乱角,m_{e} は電子の静止質量,c は光速度,$h/m_{\mathrm{e}}c=0.00243\,\mathrm{nm}$ は Compton 波長とよばれる.このことは,光が粒子としての性質をもつことの決定的な実験的証拠となっている.

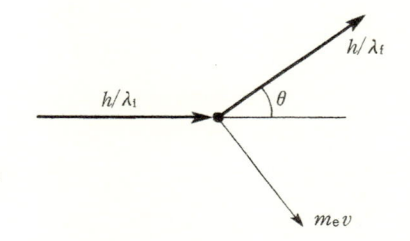

図 2・8 Compton 効果における入射光,散乱光と電子の運動

2・6 物質のもつ波動性,de Broglie 波

電子といったときに,負電荷を帯びた粒子という概念を思い浮かべる読者が多いであろう.事実,本書におけるいままでの記述はそのような概念だけで書かれてきた.1924 年 L. de Broglie は,Bohr が水素原子の電子の挙動を説明するのに整数値を導入したことに注目し,自然界においても波動の関連する問題に整数値がでてくることにヒントを得て,電子にも波の性質があるのではないかと考えた(図 2・9).

光は,前節で示したように波動としての性質(波動性)と粒子としての性質(粒子性)の二つの面をもち,$p=h/\lambda$ がなりたつ(p は光子の運動量,λ は波

[*3] 相対性理論によると,物体のエネルギーと質量の間には $E=\sqrt{m^2c^4+p^2c^2}$ の関係がある.p は運動量,c は光の速度である.光の場合,$m=0$ として $E=cp$ となる.$E=h\nu$ と $c=\nu\lambda$ から $p=h\nu/c=h/\lambda$ が得られる.

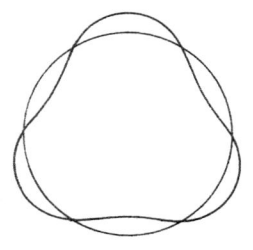

軌道の円周に沿って定常波になるような波だけが存在する

図 2・9　de Broglie による水素原子中の電子の波の性質

長). de Broglie は, 電子の場合にも次の関係がなりたつと考えた.

$$p(=mv) = h/\lambda \tag{2・14}$$

式 (2・14) は de Broglie の式である．この式の左辺は粒子としての性質を，右辺は波としての性質をそれぞれ表している．de Broglie は，この関係式がさらに一般の粒子に対してもなりたつと考えた．粒子のもつ波動性を物質波とよんでいる．電子が粒子性に加えて波動性をもつことは，1927 年に C. J. Davisson と L. H. Germer, G. P. Thomson, 菊池正士らによって行われた電子線回折 (electron diffraction) の実験によって実証された (図 2・10).

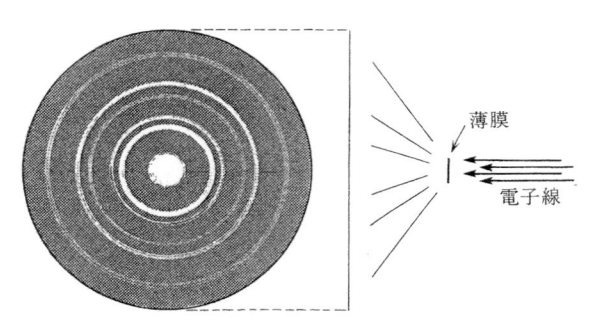

薄膜を通過した電子線は乾板上に回折像を与える．電子線に波の性質がなければ，このような回折像を与えない

図 2・10　Thomson による金の薄膜を用いた電子線回折の模式図

2・7 不確定性原理

われわれが眼で見ることのできる物体の運動に関しては，その位置座標と運動量は互いに独立かつ精確に決めることができる．投げたボールの軌跡は，ボールの質量と加えた力がわかれば精確に知ることができる．電子などのミクロの世界はどうなのであろうか．答えは否である．

ここで，電子を図 2・11 のように顕微鏡で観察することを想定しよう．顕微鏡を通った光は，波としての性質から，回折により一点からでた光でも一点には集約されずある広がりをもつ．このことから位置座標に対する精度（顕微鏡の分解能）が決まるが，これを Δx とすると，回折に対する考察から

$$\Delta x \sim \lambda / \sin \alpha \qquad (2 \cdot 15)$$

で表される．ここで顕微鏡のレンズの開きの角は 2α である．すなわち，位置の測定精度は光の波長に依存し，波長が短いほど精度は高くなる．

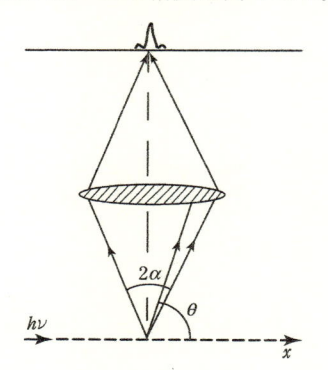

図 2・11　電子を観測するモデル実験

一方，運動量について考えてみよう．これは光の Compton 効果を念頭において考えればよい．$h\nu$ のエネルギーをもつ光子の運動量は $p = h\nu/c$ である．電子に光子が衝突すると電子は運動量を受け取って変化するが，顕微鏡では衝突して散乱した光子で電子の姿を観測することになる．光子から電子に移った運動量は散乱角 θ により変わるので，2α の角度に対応する運動量の開きが観測精度の限界となる．電子が受け取る運動量の x 方向成分は $(h/c)(\nu - \nu' \cos \theta)$

である．ここで，ν は電子に衝突する前の光子の振動数，ν' は電子に衝突後顕微鏡へ入射する光の振動数で $\nu' < \nu$ であるが，ν と ν' の差は小さい．そこで $(h\nu/c)(1-\cos\theta)$ は電子が受け取る運動量の x 方向成分とみられる．θ には $90°-\alpha$ と $90°+\alpha$ の開きがあるから，電子の運動量成分としては，$(h\nu/c)[1-\cos(90°-\alpha)] = (h\nu/c)(1-\sin\alpha)$ と $(h\nu/c)[1-\cos(90°+\alpha)] = (h\nu/c)(1+\sin\alpha)$ の間の成分を観測することになる．したがって，電子の運動量の観測値には，小さく見積もっても $\pm(h\nu/c)\sin\alpha$ の不正確さが生じることになる．

$$\Delta p_x \sim (h\nu/c)\sin\alpha = (h/\lambda)\sin\alpha \qquad (2\cdot16)$$

そこで，位置の精度の不正確さとあわせて次の式が求まる．

$$\Delta x \Delta p_x \geq h \qquad (2\cdot17)^{*4}$$

式 (2・17) は，1926 年に W. K. Heisenberg によって示された不確定性原理 (uncertainty principle) とよばれるものである．電子のようなミクロの世界の粒子に対し，その位置を正確に知ろうとすれば，観測に用いる光の波長は粒子の大きさに比べて十分に短くしなければならない．しかし，光が光子としてもつ運動量を考えると，短い波長の光はその運動量がミクロの粒子の運動量に比べてあまりにも大きくなりすぎ，ミクロの粒子の運動量を正確にはかることは逆に困難になってしまうのである．すなわち，位置と運動量を式 (2・17) で示す以上によい精度で知ることはできない．いい換えると，ミクロの世界の粒子の運動は，われわれが眼で見ている世界の粒子のように，ある決まった軌跡に沿った運動として記述できるものではなく，粒子の位置は確率によって記述されることになる．

互いに独立かつ正確に求め得ないものは，位置と運動量の関係だけではない．時間とエネルギーの関係もそうである．

$$\Delta t \Delta E \geq h \qquad (2\cdot18)^{*4}$$

また，これからもこのような関係にあるものに出会うことであろう．同時に正確に求めえない関係にあるものを互いに相補的 (complementary) であるという．

---

*4 観測値に対する演算子と波動関数を用いた厳密な取り扱いでは，$\Delta x \Delta p_x \geq \hbar/2$，$\Delta t \Delta E \geq \hbar/2$ の関係が得られる．本書では式 (2・17)，(2・18) の説明にとどめる．

2・8 Schrödinger 方程式

電子や原子・分子のようにミクロの世界における粒子は，粒子としての性質のほかに，波としての性質もかね備えていることをすでに述べた．したがって，ミクロの粒子の挙動，状態を表す方程式には，粒子性と波動性の二つの面が盛り込まれていなければならない．

1926年に，E. Schrödinger は粒子という表現ではなく，粒子の存在を表すのに波の振幅のような概念，すなわち波動関数（wave function）とよばれる関数を導入し，これを求めるための方程式を提案した．これは Schrödinger 方程式とよばれ，ポテンシャルエネルギー $V(x)$ のもと一次元空間で運動する質量 m の粒子に対しては次のように表すことができる．

$$-\frac{\hbar^2}{2m}\frac{\mathrm{d}^2\Psi(x)}{\mathrm{d}x^2}+V(x)\Psi(x)=E\Psi(x) \qquad (2\cdot19)$$

ここで，$\Psi(x)$ は波動関数，E は全エネルギー（運動エネルギーとポテンシャルエネルギーを加え合せたもの）である．また $\hbar$ は Planck の定数の変形 $h/2\pi$ でクロスエイチまたはエイチバーと読む．三次元空間で運動している粒子に対しては，式(2・19) を拡張して次のように表される．

$$-\frac{\hbar^2}{2m}\left(\frac{\partial^2}{\partial x^2}+\frac{\partial^2}{\partial y^2}+\frac{\partial^2}{\partial z^2}\right)\Psi(x,y,z)+V(x,y,z)\Psi(x,y,z)$$
$$=E\Psi(x,y,z) \qquad (2\cdot20)$$

ここで，$\partial^2/\partial x^2+\partial^2/\partial y^2+\partial^2/\partial z^2$ を ∇^2 と略記して

$$-(\hbar^2/2m)\nabla^2\Psi(x,y,z)+V(x,y,z)\Psi(x,y,z)=E\Psi(x,y,z) \qquad (2\cdot21)$$

とも表される．∇^2 はデルの二乗と読む．

式(2・19) および式(2・20) は，また

$$\hat{\mathcal{H}}\Psi=E\Psi \qquad (2\cdot22)$$

の形にも簡略化される．式(2・20) に対しては

$$\hat{\mathcal{H}}\equiv-\frac{\hbar^2}{2m}\left(\frac{\partial^2}{\partial x^2}+\frac{\partial^2}{\partial y^2}+\frac{\partial^2}{\partial z^2}\right)+V(x,y,z) \qquad (2\cdot23)$$

であり，$\hat{\mathcal{H}}$ はハミルトニアンあるいはハミルトン演算子[*5]とよばれる．

さて，Ψ の意味についてもう少し考えてみよう．Einstein は光電効果の実験を解釈するにあたって，光線中の光量子の数と光の強さを結びつけて考えた．波動論では光の強さは振幅の二乗に比例すると考える．量子論では，式 (2・19) の $\Psi(x)$ に関しては，$|\Psi(x)|^2 dx$[*6] を $x \sim x+dx$ の範囲に粒子を見出だす確率と考える．三次元空間の問題に関する式 (2・20) の Ψ に対しても同様に，$|\Psi(x,y,z)|^2 d\tau$ $(d\tau = dxdydz)$ を $x \sim x+dx, y \sim y+dy, z \sim z+dz$ の範囲に粒子を見出す確率とする．以上のように，$|\Psi|^2 d\tau$ を粒子を見出す確率と考えたのであるから，波動関数 Ψ はいくつも違う値をとるわけにいかないし，また有限で，座標の変化に対し連続的に変わる値でなければならない．粒子を見出す確率がいくつもあってはおかしいし，不連続的な確率や，無限大の確率は考えられないからである．すなわち，波動関数は一価であり，連続であり有限でなければならない．これは，波動関数にとって重要な性質である．また $|\Psi|^2 d\tau$ を，粒子を見出す確率と考えたのであるから，確率関数 $|\Psi|^2$ を粒子の存在する全空間にわたって積分すれば，当然次のような関係がなりたたなければならない．

（前ページ脚注）

[*5] ある関数に数学的演算を行うための記号を演算子（operator）とよぶ．たとえば，d/dx や d^2/dx^2 は関数を x について1回および2回微分せよという意味の演算子である．一般に量子論では観測可能な物理量 λ があるとき，λ に対応する演算子 Λ があり，$\Lambda \phi = \lambda \phi$ という関係が成り立つ．この方程式を固有値方程式（eigenvalue equation）と，そして λ を Λ の固有値（eigenvalue），ϕ を Λ の固有関数（eigenfunction）とよぶ．エネルギー E の演算子がハミルトン演算子である．一般の物理量に対する演算子 Λ の性質，Λ をどのように書き表したらよいかは量子化学の専門書をみられたい．

[*6] 波動関数が実関数のときは $\Psi^2 dx$ と表されるが，波動関数はしばしば複素数で表される．この場合には，粒子の存在確率は実数の正の値を与えるべきであるから，$\Psi^2 dx$ は波動関数の絶対値の二乗の形をもつべきであり，$|\Psi|^2 dx$ となる．複素数 u を，$u = x+iy = re^{i\phi}$ $(i = \sqrt{-1}, r = \sqrt{x+y}, x = r\cos\phi, y = r\sin\phi)$ とすると，u の絶対値 $|u|$ は $r (=\sqrt{x^2+y^2})$ である．一方，u の複素共役関数 u^*（u における i の符号を変えた関数 $re^{-i\phi} = x-iy$）と u の積をとると，$u^*u = r^2 = |u|^2$ であるから，$|\Psi|^2 dx$ は $\Psi^*\Psi dx$ とも表される．

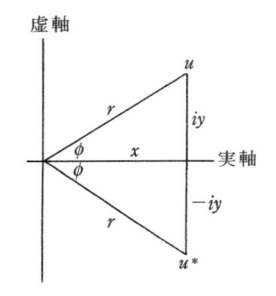

$$\int |\Psi|^2 \mathrm{d}\tau = 1 \qquad (2\cdot 24)$$

これを規格化の条件 (normalization condition) とよんでいる．

2・9　箱の中の粒子の量子論による記述

さて，前節で示した波動方程式を用いると，ミクロの世界はどのように表されるのであろうか．ミクロの世界の粒子の挙動はマクロの世界の挙動とはどのように違うかを，簡単な一次元の箱の中を運動する粒子を例にとって考えてみよう．図 2・12 に示すように，箱の中すなわち $x=0$ から L までの範囲では，ポテンシャルエネルギー V は 0 で，外では ∞ とする．粒子は $V=\infty$ の領域には存在せず，したがって箱の外では $\Psi(x)$ は 0 である．

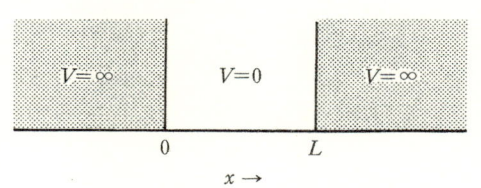

図 2・12　無限大の障壁をもつポテンシャルの箱

箱の中にある粒子に対しては，式 (2・19) で示した Schrödinger 方程式は，$V(x)=0$ であるから次のように表される．

$$-\frac{\hbar^2}{2m}\frac{\mathrm{d}^2\Psi(x)}{\mathrm{d}x^2} = E\Psi(x) \qquad (2\cdot 25)$$

このような 2 階常微分方程式の解は，一般に複素指数関数または sine, cosine による三角関数で表されるが，ここでは三角関数による式 (2・26) の形を用いてみよう．複素指数関数の表現を用いた場合については量子化学の専門書をみられたい．式 (2・26) が式 (2・25) を満足することは，式 (2・26) を式 (2・25) に代入してみることで容易に理解できよう．

$$\Psi(x) = A\sin kx + B\cos kx \qquad (2\cdot 26)$$
$$k = \sqrt{2mE}/\hbar$$

ここで，A, B は任意の定数である．このままではエネルギー E はどのような

値であっても式 (2・25) の波動方程式を満足する．

さて，前節で述べたように，波動関数は x について連続的に変わる関数でなければならない．先に箱の外では粒子は存在せず $\Psi(x)=0$ であるから，前節で述べた波動関数に対する"連続"の条件から，箱の境界，$x=0$ と L の点でも $\Psi(x)$ は 0 でなければならない．これを境界条件という．$x=0$ で $\Psi(x)$ が 0 になるためには，式 (2・26) で $\sin 0=0$，$\cos 0=1$ であるから $\Psi(0)=B$，したがって B は 0 でなければならない．また，$x=L$ で $\Psi(x)$ が 0 となるためには，kL が $0, \pi, 2\pi, \cdots$ のとき，すなわち $kL=n\pi$ で n が正の整数であればよい．すなわち，エネルギー E と，波動関数 $\Psi(x)$ は，式 (2・26) から整数値 n を含む関数としてそれぞれ次のように表されることになる．

$$E_n = n^2\hbar^2\pi^2/2mL^2 = n^2h^2/8mL^2 \tag{2・27}$$

$$\Psi_n(x) = A\sin(n\pi/L)x \qquad (n=1,2,3,\cdots) \tag{2・28}$$

E と $\Psi(x)$ は整数値 n を含む関数ということで，添字 n を付した．境界条件を入れることでエネルギーはとびとびの値になったことに注意しよう．ここで，A の値はどのような値をとっても式 (2・25) の方程式を満足するが，式 (2・24) の条件，すなわち

$$\int_0^L \Psi_n(x)^2 dx = 1$$

から

$$\begin{aligned}
1 &= \int_0^L \Psi_n(x)^2 dx = A^2 \int_0^L \sin^2 kx \, dx \\
&= \frac{A^2}{2}\int_0^L (1-\cos 2kx)\,dx \\
&= \frac{A^2}{2}\left[x-\frac{1}{2k}\sin 2kx\right]_0^L = A^2L/2
\end{aligned} \tag{2・29}$$

として $A=(2/L)^{1/2}$ が求まる．

以上述べたように，$x=0, x=L$ における波動関数の制限から n という整数値が導入され，これによってエネルギー値は非連続的な値をとることがわかった．n は量子数 (quantum number) とよばれる．ここで，n が 0 の状態をとり得ないことは，もし n が 0 であれば波動関数がすべての位置で 0 となり，意味

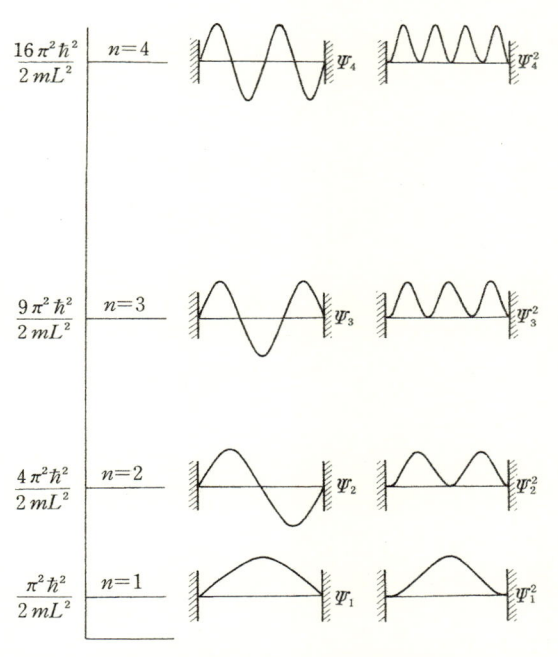

2・9 箱の中の粒子の量子論による記述

図 2・13 無限大の壁のある一次元の箱の中の粒子のエネルギーと波動関数 Ψ および粒子の分布を表す確率関数 Ψ^2

のない状態になってしまうことから明らかである．したがって，エネルギーの最低値は 0 でなく $E_1 = \hbar^2\pi^2/2mL^2$ となる．この最低エネルギーを零点エネルギー（zero-point energy）とよんでいる．このような箱の中の粒子に対し，古典力学ではエネルギー 0 の状態が許されるが，量子論では 0 にはならない．すなわち，最低のエネルギーの状態でも粒子の運動は凍結されない．一次元の箱の中の粒子に対し，式 (2・27) より，エネルギー値 E_n は n の二乗に比例して大きくなること（図 2・13），また，L が非常に大きくなるか，粒子の質量 m が大きくなると，エネルギー準位の間隔が小さくなり，連続的なエネルギーの状態に近づいていくことがわかる．

次に，波動関数 $\Psi(x)$ についてみてみよう．図 2・13 に波動関数 $\Psi_n(x)$ と，確率関数 $\Psi_n(x)^2$ を示す．古典的な取扱いの可能なマクロの粒子の場合には，

粒子はすべての位置で同じ確率で存在するが，量子論的方法で得られた状態は，もっとも安定な $n=1$ 状態では，箱の中央部に最大の分布確率をもち，$n=2$ 以上になると波動関数が0で，粒子の分布が0になる位置が現れてくる．このように，波動関数が0で，その両側で関数の符号が異なる位置を節（node）とよぶ．ここでは粒子の存在する確率は0となる．古典的なモデルではこのような状態は現れてこない．このような節の数は，量子数が大きくなり，エネルギーが高くなるとともに，一つずつ増えていく．また，n が非常に大きくなると，粒子が箱の中に一様に分布するような状態に近づいていき，マクロな粒子分布に似てくることに注意しよう．これを対応原理（correspondence principle）とよんでいる．

以上，簡単な系について量子論ではどのような表現が用いられるかについて述べたが，原子・分子の問題も波動方程式を用いて記述されることになる．次章では原子の問題について考えることにする．

問　題

2・1 タングステンの仕事関数は 4.6 eV である．この金属に波長が 250 nm の光を照射したとき放出される電子の運動エネルギーと速度はいくらか．また 150 nm の波長の光を照射したときはどうか．

2・2 次のものの de Broglie 波の波長はいくらか．
(a) 電位差 10 kV で加速した電子．
(b) $1\,\mathrm{cm\,s^{-1}}$ で運動する 1 g の質量の物体．
(c) $100\,\mathrm{km\,h^{-1}}$ のスピードで投げられた 150 g の野球のボール．

2・3 次の運動する粒子または物体の運動経路上での位置の不確かさはどれほどか．
(a) 1.00 kV で加速した電子を ± 0.01 kV の精度で測定した場合．
(b) 投げた 150 g のボールの速さが $130\,\mathrm{km\,h^{-1}}$ で，これに $\pm 1\,\mathrm{km\,h^{-1}}$ の不確かさがあるとき．

2・4 (a) 0.2 nm, (b) 0.5 nm, (c) 0.8 nm の長さの一次元の箱の中に1個の電子が

入っている．基底状態から第一励起状態に励起するときのそれぞれの励起エネルギーを求めよ．また，励起に用いる光の波長はいくらか．

2・5 $\Psi(x)^2 dx$ は $x \sim x+dx$ の間に電子を見出す確率である．上記 問題2・4(c) の量子数 $n=1$ の状態で，(a) $x=0 \sim 0.2$ nm の領域と，(b) $x=0.3 \sim 0.5$ nm のそれぞれ 0.2 nm の幅の領域に電子を見出す確率を求めよ．

2・6 式 (2・28) で示される各波動関数に対し，$\int_0^L \Psi_i \Psi_j dx = 0$ が成り立つことを示せ．Ψ_i と Ψ_j は異なるエネルギー準位に対する波動関数である．この関係が成り立つとき，関数は直交しているという．互いにそれぞれの成分を含まない独立の状態であることを意味する．

3

原子の構造

　前章では，原子・分子の問題を考えるうえで基礎となる量子論の生い立ちと，簡単な一次元箱型ポテンシャルの場の中で運動している粒子が，量子論の立場からどのように表現されるかについて述べた．この章では，原子のなかの電子の状態が量子論によりどのように表されるかについて，Schrödinger方程式を厳密に解くことのできる唯一の系である水素型原子を対象に示したい．そして，それに基づいて多電子原子の問題を考える．原子の中心にある原子核の占める体積は，原子の体積の約1万分の1程度にすぎない．原子の大きさは電子の占める空間によって決まっている．したがって，原子，さらには分子の構造，性質，反応などを理解するには，原子の電子状態を理解することが重要である．

3・1 水素型原子

原子核と電子とは,それぞれそれらの重心のまわりを運動している.しかし,原子核の質量は電子の質量と比べてはるかに大きいので,原子核は静止しており,そのまわりを電子が運動していると考え,"原子核による電場のなかで運動している質量 m の1個の電子"として水素原子の電子状態を考えてみよう.ここでは,より一般的議論のために核の電荷を Ze として扱うことにする.水素原子に対しては $Z=1$ とすればよい.$Z=2$ および 3 は He^+, Li^{2+} の場合にそれぞれ対応する.これらを水素型原子とよぶ.このような水素型原子において,核からの距離 r の位置にある電荷 $-e$ の電子のポテンシャルエネルギーは,$V=-Ze^2/4\pi\varepsilon_0 r$ であるから,これを前章の式 (2・20) に代入することによって,水素型原子に対する Schrödinger 方程式は次のように表すことができる.

$$-\frac{\hbar^2}{2m}\left(\frac{\partial^2}{\partial x^2}+\frac{\partial^2}{\partial y^2}+\frac{\partial^2}{\partial z^2}\right)\Psi-\frac{Ze^2}{4\pi\varepsilon_0 r}\Psi = E\Psi \qquad (3・1)$$

この式はまた,前章でも示したように $\partial^2/\partial x^2+\partial^2/\partial y^2+\partial^2/\partial z^2$ の部分を,∇^2 という記号で置き換えて次のように書くこともある.

$$-\frac{\hbar^2}{2m}\nabla^2\Psi-\frac{Ze^2}{4\pi\varepsilon_0 r}\Psi = E\Psi \qquad (3・2)$$

ここで,原子は球対称なので,Schrödinger 方程式は波動関数 Ψ も含めて直角座標 (x, y, z) で表すよりも,図3・1に示すような極座標 (r, θ, φ) を用いるほうが都合がよい.このような変換を行うと,式 (3・1) は次のような形に書き改められる.

$$-\frac{\hbar^2}{2m}\left\{\frac{1}{r^2}\left(\frac{\partial}{\partial r}r^2\frac{\partial \Psi}{\partial r}\right)+\frac{1}{r^2\sin^2\theta}\frac{\partial^2\Psi}{\partial\varphi^2}+\frac{1}{r^2\sin\theta}\frac{\partial}{\partial\theta}\left(\sin\theta\frac{\partial\Psi}{\partial\theta}\right)\right\}$$
$$-\frac{Ze^2}{4\pi\varepsilon_0 r}\Psi = E\Psi \qquad (3・3)$$

さて,2・8節で述べたように,波動関数 Ψ は一価であり,有限かつ連続でなければならない.そこで,このような条件のもとで式 (3・3) を解くと,以下

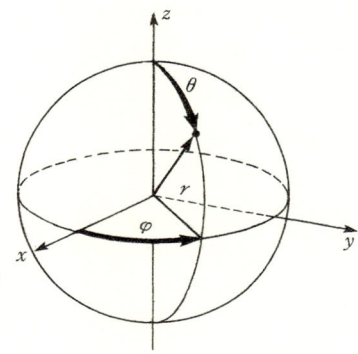

3・1 水素型原子

r：動径，θ：極角，φ：方位角

図 3・1 極座標

のようなことが求まる．

まず，この系は，r, θ, φ の三つの座標変数で表されているので，それぞれの変数について波動関数は一価，連続，有限でなければならない．このことから三つの量子数が現れる．すなわち，n, l, m_l で，n は主量子数 (principal quantum number)，l は方位量子数 (azimuthal quantum number)，m_l は磁気量子数 (magnetic quantum number) とよばれる．これらの量子数は次のような値に制限されている．n は 1 からはじまる整数値で

$$n = 1, 2, 3, \cdots$$

である．l は 0 からはじまる整数値で，一つの n に対しては l はその n の値より小さな値でなければならない．すなわち，

$$l = 0, 1, 2, 3, \cdots, n-1$$

m_l は一つの l に対して l から $-l$ までの $(2l+1)$ 個の正負の整数値

$$m_l = l, (l-1), (l-2), \cdots, 2, 1, 0, -1, -2, \cdots, -(l-1), -l$$

をとる．電子の空間分布，運動を決める波動関数は軌道 (orbital) または軌道関数 (orbital function) ともよぶが，これらはこのような n, l, m_l の値により規定されている．

これらの量子数のうち，n の値は核からの距離の変数 r，すなわち核からの電子の広がりの大小に関係している．また l, m_l は電子の核のまわりの回転，すなわち座標変数 θ, φ に関連して導かれており，このうち l は軌道運動に伴う運動量（"角運動量"，angular momentum）の大きさに関係している．すな

わち,角運動量の大きさは $\sqrt{l(l+1)}\hbar$ である.$l=0$ の軌道は角運動量が 0 ということである.したがって,l は軌道の形にも関連する.興味あることに,軌道運動による角運動量は空間内で任意の方向をとり得ないで,ある一つの方向を考えると(z 軸とする)[*1],この方向に対して角運動量は m_l の許される数,すなわち $2l+1$ 個の異なる配向のみが許される.そして,角運動量の z 方向成分は $m_l\hbar$ で与えられる.角運動量は方向と大きさをもつからベクトル量で,その大きさと配向の関係を $l=2$ の場合を例にとって示したのが図 3・2 である.

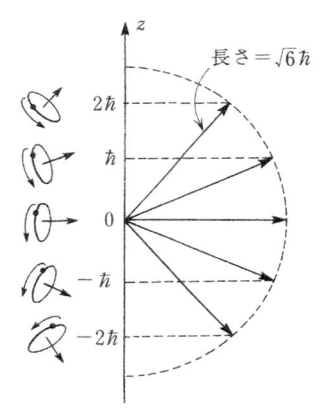

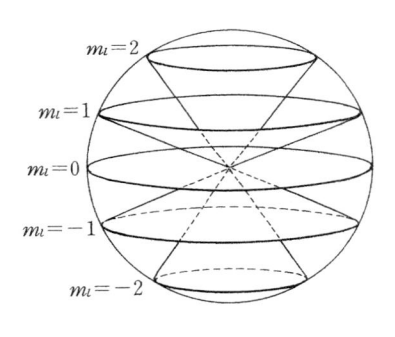

(a) 角運動量の z 方向成分が,$2\hbar, \hbar, 0, -\hbar, -2\hbar$ の 5 通りあることを示す

(b) 角運動量の z 方向成分が定まると,x, y 方向成分は不確定となる.これを円すい様の表現により示す

図 3・2 $l=2$ の場合の角運動量の許される配向

ここで,コイルに電流を流したとき,コイルが磁石の性質を示すことを連想してみよう.電子が軌道運動による角運動量をもつということは,それにより磁気モーメントが生じていることである.われわれが日常目にする磁石は,磁場の中に置くと磁場の方向を向いてしまうが,原子のなかの電子による磁気モ

[*1] x, y, z という座標軸はわれわれが勝手に決めるもので,はじめから空間に固定されているものではない.しかし,電場や磁場があるときには,自動的に空間軸が決まり,それを z 軸とすることができる.

ーメントは，磁場中で m_l のとり得る数だけの異なる配向をとることができる．磁場との相互作用エネルギーは磁気モーメントの磁場中での配向によって変わるので，磁場のないときには，軌道角運動量の配向，すなわち m_l の値によらず同じであったエネルギー値は，磁場中では $2l+1$ 個の状態に分裂することになる．この意味で m_l は磁気量子数 (magnetic quantum number) とよばれる．

磁場中でのエネルギーの問題にふれたが，興味あることに，場のないときの水素型原子のエネルギーは m_l だけでなく l にも依存せず，n のみによって決まり，次式で与えられる．

$$E_n = -\left(\frac{me^4}{32\pi^2\varepsilon_0^2\hbar^2}\right)\frac{Z^2}{n^2} \quad (3\cdot 4)$$

n が主量子数とよばれるのはこのような事情による．先に述べた n, l, m_l の間の制限を考えると，一つの n に対しては n^2 個の異なる l, m_l の組合せが可能である．いい換えるとエネルギーは同じでも波動関数の異なる n^2 個の状態があることになる．異なる状態にあっても等しいエネルギーをもつ場合，これらの状態を縮退あるいは縮重 (degenerate) しているというが，主量子数 n の状態は n^2 に縮退していることになる．ここで得られた式 (3・4) が，Bohr の原子模型で導かれたエネルギーの式 (2・10) と同じ表現をもつことは興味ある点である．式 (3・4) から，前章で述べた水素原子のスペクトル系列は，主量子数 n の異なる状態の間の遷移に相当し，そのエネルギー差がエネルギー $h\nu$ の光子として放出または吸収されると考えればよいことがわかる．

次に，波動関数についてみてみよう．式 (3・3) を解くことで求められた三つの量子数 n, l, m_l によって規定される波動関数のうち，n の値が 1～2 の波動関数を表 3・1 に示す．$l=0, 1, 2, 3, \cdots$ の軌道を，それぞれ s 軌道，p 軌道，d 軌道，f 軌道，…とよび，これにさらに n の値をつけて 1s 軌道，2s 軌道，2p 軌道などとよんでいる．p 軌道には 3 種類あって，表 3・1 ではこれを $2p_x$, $2p_y$, $2p_z$ と，x, y, z の添字をつけて示してある．この添字の意味は後でふれる．

ここで導かれた波動関数は，r のみの関数 $R(r)$，θ のみの関数 $\Theta(\theta)$，φ の

表 3・1 水素型原子の波動関数 $\Psi = R(r)\Theta(\theta)\Phi(\varphi)$

n	l	m_l	記号	動径部分 $R(r)$	角部分 $\Theta(\theta)\Phi(\varphi)$
1	0	0	1s	$2\left(\dfrac{Z}{a_0}\right)^{3/2} e^{-Zr/a_0}$	$\left(\dfrac{1}{4\pi}\right)^{1/2}$
2	0	0	2s	$\left(\dfrac{Z}{2a_0}\right)^{3/2}\left(2-\dfrac{Zr}{a_0}\right) e^{-Zr/2a_0}$	$\left(\dfrac{1}{4\pi}\right)^{1/2}$
2	1	0	$2p_z$	$\dfrac{1}{\sqrt{3}}\left(\dfrac{Z}{2a_0}\right)^{3/2}\left(\dfrac{Zr}{a_0}\right) e^{-Zr/2a_0}$	$\left(\dfrac{3}{4\pi}\right)^{1/2}\cos\theta$
2	1	± 1	$2p_x$	$\dfrac{1}{\sqrt{3}}\left(\dfrac{Z}{2a_0}\right)^{3/2}\left(\dfrac{Zr}{a_0}\right) e^{-Zr/2a_0}$	$\left(\dfrac{3}{4\pi}\right)^{1/2}\sin\theta\cos\varphi$
2	1		$2p_y$	$\dfrac{1}{\sqrt{3}}\left(\dfrac{Z}{2a_0}\right)^{3/2}\left(\dfrac{Zr}{a_0}\right) e^{-Zr/2a_0}$	$\left(\dfrac{3}{4\pi}\right)^{1/2}\sin\theta\sin\varphi$

みの関数 $\Phi(\varphi)$ の積の形 $\Psi = R\Theta\Phi$ で表されるが，表3・1ではこの動径部分 $R(r)$ と角部分 $\Theta(\theta)\Phi(\varphi)$ に分けて示してある．ここで，$R(r)$ は量子数 n と l の関数，$\Theta(\theta)$ は l と m_l の，$\Phi(\varphi)$ は m_l のみの関数となっていることを注意しておこう．角部分のうち0以外の m_l に対応する関数の線形結合

$$\frac{\Phi_{m_l}(\varphi)-\Phi_{-m_l}(\varphi)}{\sqrt{2}i} \qquad \frac{\Phi_{m_l}(\varphi)+\Phi_{-m_l}(\varphi)}{\sqrt{2}}$$

をとったものは $\sin m_l\varphi$ と $\cos m_l\varphi$ を含む実数関数となる[*2]．表3・1にはこのような実数関数で表された波動関数を示した．表で用いられている a_0 は，Bohr半径とよばれ，$4\pi\varepsilon_0\hbar^2/me^2$ に等しく，長さの単位をもつ量で，5.291772×10^{-11} m の値をもつ．

次に，波動関数がどのような形をもつか，電子が空間的にどのような確率密度をもつかを図によって示そう．このためには，動径部分と角部分に分けて表すのがわかりやすい．図3・3に $R(r)$ の関数を示す．図からわかるように，関数によって正の値をもつ r の領域と，負の値をもつ r の領域とがある．その境では当然関数は0となり，ここは電子の存在しない節となる．節の数は，$n-l-1$ に等しい．

核から r の位置での電子密度，すなわち電子の存在確率は R^2 に比例する．図3・4に R^2 を示す．図に示したように，$l=0$ のs軌道では核の位置で

[*2] 縮退した状態の波動関数の任意の線形結合をとった関数は，同じハミルトン演算子の固有関数である．いい換えると，同じSchrödinger方程式を満足する．

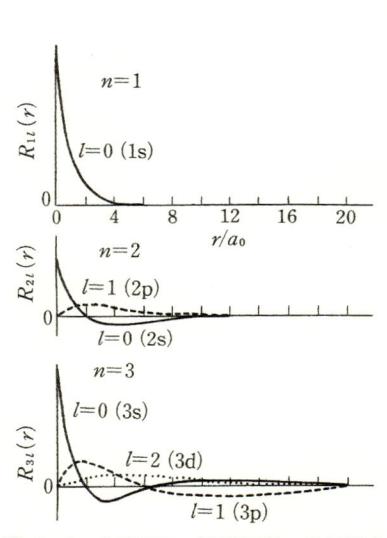

図 3・3　水素原子の波動関数の動径部分 $R_{nl}(r)$

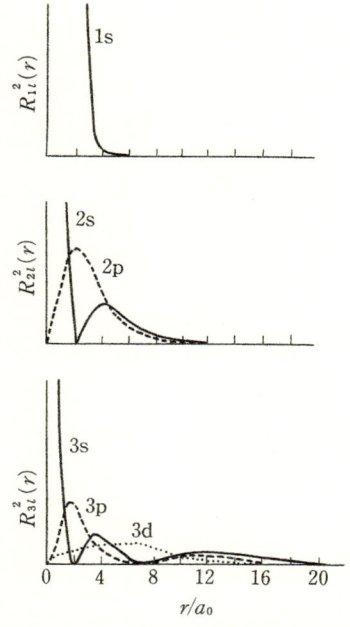

図 3・4　水素原子の波動関数の動径部分の二乗

電子密度は最大である．しかし，$l=0$ 以外の軌道では，核の位置で電子密度は 0 になっている．また，同じ n をもつ軌道関数のなかで，l の値の小さい軌道のほうが原子核に接近した位置で電子密度が大きい．また，図 3・5 には，1s，2s，3s 軌道における電子の分布のようすを図 3・4 とは異なる表現で示す．表 3・1 で示されるように，s 軌道関数は変数 θ, φ を含まないので，電子の確率密度分布は球対称である．図 3・5 では，核を通る断面での電子の確率密度を，点の密度で表現してある．2s，3s 軌道ではそれぞれ 1 個，2 個の節面のあるようすも示されている．

一方，われわれは核から一定の距離 r に電子が存在する全確率，すなわち半径 r の球と，半径 $r+dr$ の球の間の球殻内に電子が存在する確率を知りたい場合がある．このような量は，この球殻の容積が $4\pi r^2 dr$ であるから $4\pi r^2 R^2(r)$ に比例する．$4\pi r^2 R^2(r)$ を動径分布関数とよんでいる．図 3・6 に 1s か

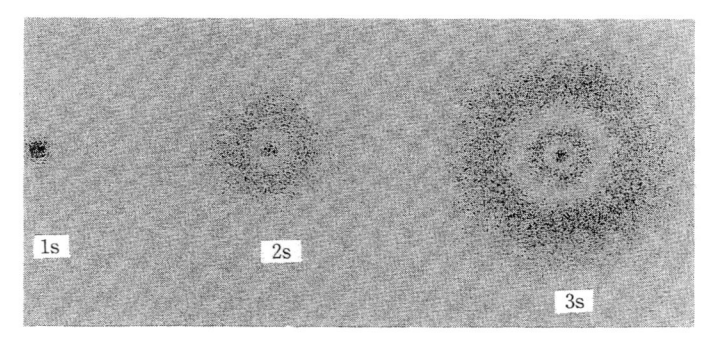

図 3・5 水素の 1s, 2s, 3s 軌道における電子密度分布（核を通る断面図）

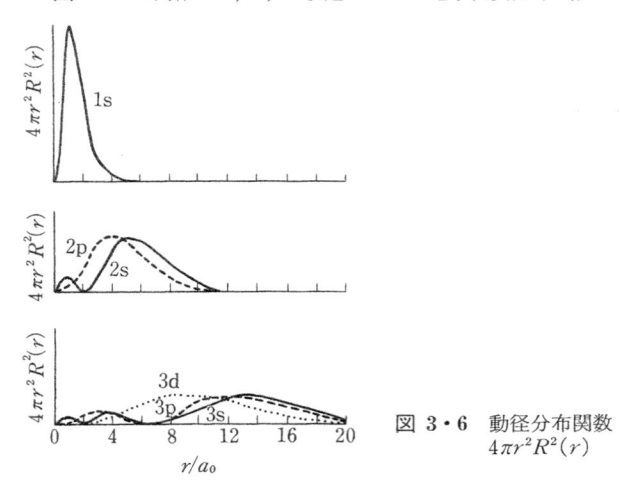

図 3・6 動径分布関数 $4\pi r^2 R^2(r)$

ら 3d 軌道までの動径分布関数を示す．

　動径分布関数をみると，1s 軌道では最大値を与える半径が Bohr 半径 a_0 である．また，2p 軌道の半径は $4a_0$ になる．量子論で求めた 1s 軌道の動径分布関数の最大値が Bohr 理論の第一軌道半径に，また，2p 軌道の動径分布関数の最大値が Bohr 理論の第二軌道半径に一致することは興味深い．しかし，Bohr の理論では，電子はこれらの軌道半径をもつ円軌道上を回転していると考えたのに対し，量子論では電子は核の位置から非常に遠くの位置まで分布確率をもっているという点で，Bohr 理論とはまったく異なっている．

　次に，波動関数の角部分 $\Theta\Phi$ についてみてみよう．極座標（図 3・1）を用い

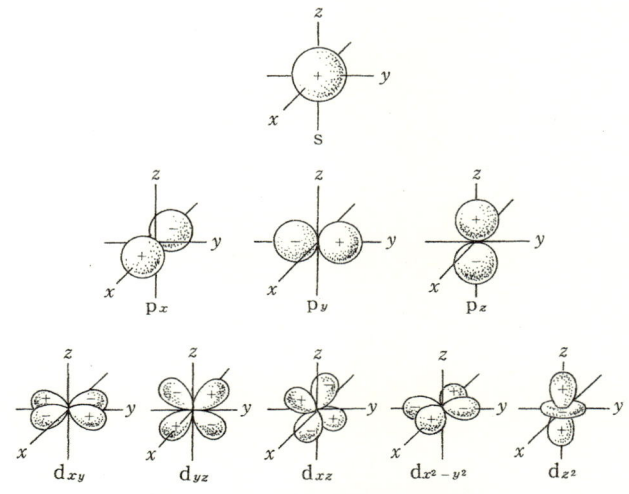

図 3・7 s, p, d 軌道関数の角部分 $\Theta\Phi$

て，それぞれの θ, φ に対応する $\Theta\Phi$ の大きさを原点からの距離として表した関数 $\Theta\Phi$ を図3・7に示す．s軌道の場合には，先にも述べたように，θ, φ に無関係に一定なので球形をしている．p軌道は二つの球を接し並べた形をもっている．p_x 軌道関数はこの並びが x 軸方向にあり，p_y, p_z 軌道関数は y および z 軸方向にそれぞれ向いている．各p軌道はそれぞれ yz, xz, xy 面に節面があり，その両側で関数の符号が異なっていることに注意しよう．同じように，五つのd軌道関数を描くことができる．それぞれの関数は図3・7に示すように，$3\,d_{xy}, 3\,d_{yz}, 3\,d_{xz}, 3\,d_{x^2-y^2}, 3\,d_{z^2}$ などと表記されている．$3\,d_{z^2}$ では z 軸方向に関数の広がりをもち，$3\,d_{xz}, 3\,d_{yz}$ では xz, yz 面内に関数の広がりを，また $3\,d_{x^2-y^2}, 3\,d_{xy}$ では両者とも xy 面内に関数の広がりをもつが，$3\,d_{x^2-y^2}$ では x, y 軸上に，$3\,d_{xy}$ では x, y 軸の中間方向に広がりをもつことがわかる．

電子密度に関連する量 $(\Theta\Phi)^2$ も同じような方法で描くことができるが，p軌道に対するものを図3・8に示す．このような図形は電子の広がる方向を知るうえで有用なものであるが，図形の殻のなかに電子が閉じ込められていると考えてはならない．図3・9に 2p 軌道の対称軸を含む面内での $R\Theta\Phi$ と $|R\Theta\Phi|^2$

図3・8 p軌道の $(\Theta\Phi)^2$

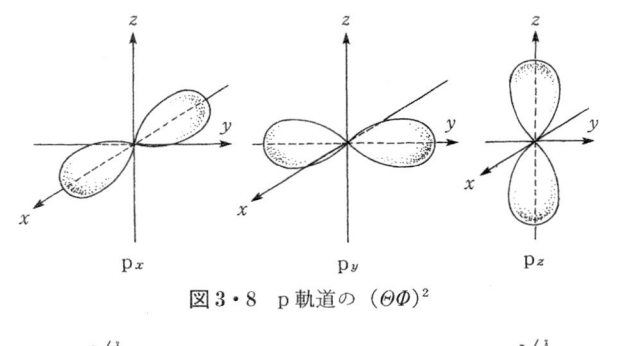

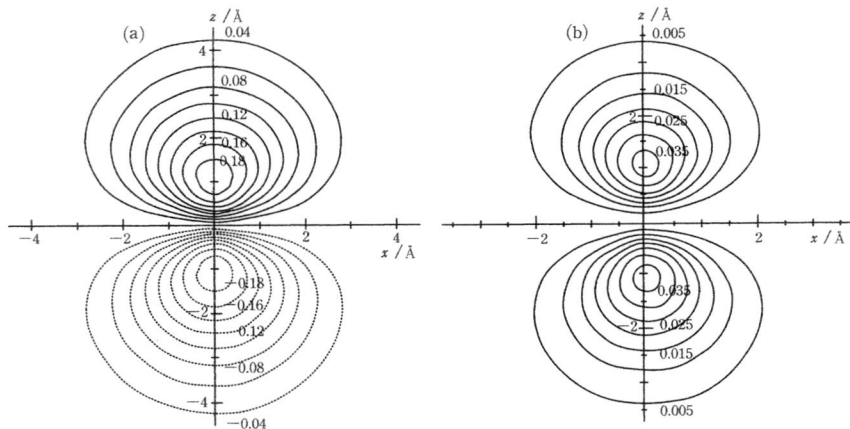

図3・9 水素の $2p_z$ 関数
(a) Ψ_{2p_z} の等高線図（点線は関数が負であることを示す）　(b) $|\Psi_{2p_z}|^2$ の等高線図

の空間分布を等高線図で示した．

3・2 電子スピン

　Schrödinger方程式から求められる水素原子の電子状態をもとに，そのスペクトル系列がよく説明できることを述べた．しかし，Schrödinger方程式により導入された三つの量子数だけで，原子中の電子の状態を完全に記述できないことがわかった．このことを示す一つの例として，Schrödinger方程式からは単一のスペクトル線として予想されるアルカリ金属原子のスペクトルが，実は

間隔の狭い二重線からできていることが見出されたのである．これを説明するため，1925 年に W. Pauli は電子には二つの異なった状態があると考えた．さらに同年 G. Uhlenbeck と S. Goudsmit は，電子は自転に相当する運動のモーメントすなわちスピン角運動量をもち，これには二つの異なる角運動量の状態があることを，不均一磁場中に流した銀原子の流れの挙動から確認した．銀原子の 5s 軌道には対になっていない 1 個の電子があり，これに異なる二つのスピンの状態があるため，2 通りの原子の流れが生じたのである．

先に，軌道運動による角運動量は量子数 l により与えられ，同じ角運動量をもつ量子数 l の状態には $l, l-1, \cdots, -l$ の $2l+1$ 通りの異なる状態があることを述べた．スピン角運動量の場合には 2 通りの異なる状態があることがわかったので，軌道角運動量にならい，l に相当する量子数を s とすると，2通りの異なる状態をとり得る s は $2s+1$ から，$s=1/2$，そこで m_l に対応する m_s は $1/2$ と $-1/2$ を考えればよい．これらをスピン量子数（spin quantum number）とよんでいる．このような電子のスピン運動に伴って，電子は磁気モーメントをもつことになる．これは，軌道角運動量に伴って生ずる磁気モーメントと相互作用し，軌道のエネルギーをわずかに変化させる．そこで，磁気モーメントをもたない $l=0$ の軌道以外はスピン量子数 m_s が $+1/2$ か $-1/2$ かの状態によって，異なる相互作用エネルギーをもち，軌道準位の分裂，すなわちスペクトル線の分裂を引き起こすことになる．スピンと軌道角運動量との相互作用をスピン-軌道相互作用（spin-orbit interaction）とよんでいる．

以上のように，原子の中の電子の状態を表すために，n, l, m_l の三つに，さらに m_s を加えた四つの量子数が必要なことがわかった．$m_s=+1/2$ および $-1/2$ の状態に対する波動関数をそれぞれ α, β で一般に表している．また，$m_s=+1/2$ の状態のスピンを α スピン，$m_s=-1/2$ の状態のスピンを β スピンとよんでいる．

3・3　Pauli の排他原理

2 個以上の電子を含む原子の系に Schrödinger 方程式を適用しようとすると

むずかしい問題が起きてくる．それは，電子の受けるポテンシャル場の中に，原子核との間のクーロン相互作用のほかに，電子間相互作用も含まれるからである．このため，Schrödinger 方程式を厳密に解くことができなくなってしまう．そこで，おのおのの電子は原子核と他のすべての電子からの球対称の場の中で運動していると考えてみよう．そうすると，多くの電子を含む多電子原子の系でも，電子の波動関数はやはり n, l, m_l, m_s の四つの量子数によって規定されているとみてよいであろう．それでは，2個以上ある原子内の電子はそれぞれ互いに無関係にどのような量子数でも自由にとり得るのであろうか．この問題を述べているのが Pauli の排他原理（Pauli exclusion principle）である．

Pauli の排他原理は，"どんな状態でも，2個の電子は，それぞれの4個の量子数 (n, l, m_l, m_s) をまったく等しくすることはできない" としている．この原理に基づいて，原子の軌道への電子の配置が決まり，これによって，次節で述べるように，原子の化学的性質が周期表の位置により規則的に変わることになる．いい換えると，その化学的性質や周期表の位置に矛盾しないで電子配置が組み立てられることになる．

Pauli の原理を量子力学的な言葉でいい換えると，"全波動関数は電子の交換に対し反対称でなければならない" という表現になる．このことを理解するために，2電子からなる系を考えてみよう．2電子間の相互作用が小さいときには全波動関数は次の式のように，それぞれの電子の波動関数の積で表される．

$$\Psi(1,2) = \psi_{n_1 l_1 m_{l1} m_{s1}}(1) \psi_{n_2 l_2 m_{l2} m_{s2}}(2) \tag{3・5}$$

上式で，括弧内の数字 1, 2 は電子の番号，$n_1 l_1 \cdots, n_2 l_2 \cdots$ は電子 1, 2 に対する量子数である．ここで二つの電子を交換することを考えてみよう．われわれは二つの電子を区別することができないし，また電子の交換にさいし，電子の分布を表す関数 $|\Psi(1,2)|^2$ は変わらないから，$\Psi(1,2)$ そのものは電子の交換に対し同じであるか符号が変わるかのいずれかである．前者の場合を電子の交換に対し対称であるといい，後者を反対称であるという．Pauli の排他原理によると，電子の波動関数は，後者の性質をもたなければならない．波動関数にこのような反対称の性質をもたせるためには，Ψ を次のように表せばよい．

$$\Psi(1,2) = \frac{1}{\sqrt{2}} \Big\{ \phi_{n_1 l_1 m_{l1} m_{s1}}(1) \phi_{n_2 l_2 m_{l2} m_{s2}}(2)$$

$$- \phi_{n_1 l_1 m_{l1} m_{s1}}(2) \phi_{n_2 l_2 m_{l2} m_{s2}}(1) \Big\} \tag{3・6}$$

電子1と2の交換,すなわち括弧のなかの1と2を入れ換えると,$\Psi(1,2) \to -\Psi(1,2)$ と符号が変わるからである.ここでもし,$\phi_{n_1 l_1 m_{l1} m_{s1}}$ と $\phi_{n_2 l_2 m_{l2} m_{s2}}$ の四つの量子数がすべて同じであれば,式 (3・6) で $\Psi(1,2)=0$ となり,このような状態は存在できないことになる.これは前に述べた Pauli の排他原理と同じである.

さて,先に電子の空間分布は,三つの量子数 n, l, m_l で規定される波動関数,つまり軌道によって決まることを述べた.四つの量子数のうち n, l, m_l が同じであれば,残りの量子数 m_s は $+1/2$ か $-1/2$ でなければならない.したがって,Pauli の排他原理から"一つの軌道に入ることのできる電子は,異なるスピンをもつ二つの電子だけである",ということが導かれる.

3・4　元素の周期性と電子配置

前節において,多電子原子中の電子は Pauli の排他原理に従って,そのとり得る量子数の状態が決まることを述べた.これら多電子原子におけるもっともエネルギーの低い状態,すなわち基底状態では,電子はエネルギーの低い軌道から順に Pauli の排他原理に従って配置される.これを組立ての原理,または構成原理 (building principle) とよんでいる.

電子を1個しか含まない水素型原子の場合には,軌道のエネルギーは主量子数 n のみによって決まることを述べた.しかし,多電子原子の場合には,n が同じでも,方位量子数 l が異なるとエネルギーは違ってくる.すなわち,同じ n の状態を比べると,l が大きいほどエネルギーは高くなる.このことは,原子中に複数個の電子を含む系では,注目している電子に対し,他の電子の存在により核の正電荷がそのまま加わらないことによる.電子間にはクーロン反発相互作用が働き,その電子より内部にある電子は核からの正電荷を減少させる

ように働く．いい換えると，電荷をしゃへい（遮蔽）する効果をもつ．Ze の核電荷をもつ系では，注目する電子への核電荷はしゃへいの効果を差し引いた $Z_{eff}e=(Z-\sigma)e$ となる．ここで，σ をしゃへい定数とよぶ．σ には原子内での電子の分布が大きく関係し，図3・3に示されるように，核の位置まで到達できるs電子はそれだけほかの電子からのしゃへいの効果は小さくなる．量子数 l が大きくなると電子の分布は外側へ広がるため，より内部にある電子のしゃへいを受けてしゃへい定数は大きくなる．このように，多電子系では n が同じでも l により軌道エネルギーは異なることになる．多電子原子における軌道を，エネルギーの低いほうから並べると次の順となる．

$1s<2s<2p<3s<3p<4s\sim 3d<4p<5s\sim 4d<5p<6s\sim 4f\cdots$

4s以上では，エネルギー値が接近しており，原子によってはかならずしも上のとおりになっているとは限らない．分光学的データと量子力学的計算から求められた原子番号による軌道エネルギー準位の変化を図3・10に示す．

表3・2に，各原子の基底状態における電子配置を示す．水素では1s軌道に

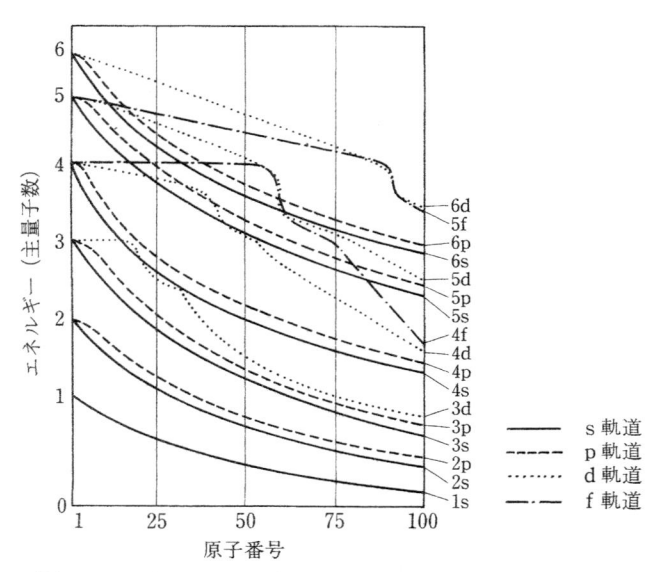

図 3・10　中性原子における原子軌道の相対的エネルギー準位

3・4 元素の周期性と電子配置

表 3・2 元素の電子配置

Z	元素	K	L		M			N				O				P				Q
		1s	2s	2p	3s	3p	3d	4s	4p	4d	4f	5s	5p	5d	5f	6s	6p	6d	6f	7s
1	H	1																		
2	He	2																		
3	Li	2	1																	
4	Be	2	2																	
5	B	2	2	1																
6	C	2	2	2																
7	N	2	2	3																
8	O	2	2	4																
9	F	2	2	5																
10	Ne	2	2	6																
11	Na	2	2	6	1															
12	Mg	2	2	6	2															
13	Al	2	2	6	2	1														
14	Si	2	2	6	2	2														
15	P	2	2	6	2	3														
16	S	2	2	6	2	4														
17	Cl	2	2	6	2	5														
18	Ar	2	2	6	2	6														
19	K	2	2	6	2	6		1												
20	Ca	2	2	6	2	6		2												
21	Sc	2	2	6	2	6	1	2												
22	Ti	2	2	6	2	6	2	2												
23	V	2	2	6	2	6	3	2												
24	Cr	2	2	6	2	6	5	1												
25	Mn	2	2	6	2	6	5	2												
26	Fe	2	2	6	2	6	6	2												
27	Co	2	2	6	2	6	7	2												
28	Ni	2	2	6	2	6	8	2												
29	Cu	2	2	6	2	6	10	1												
30	Zn	2	2	6	2	6	10	2												
31	Ga	2	2	6	2	6	10	2	1											
32	Ge	2	2	6	2	6	10	2	2											
33	As	2	2	6	2	6	10	2	3											
34	Se	2	2	6	2	6	10	2	4											
35	Br	2	2	6	2	6	10	2	5											
36	Kr	2	2	6	2	6	10	2	6											

表 3・2 のつづき

Z	元素	K	L		M			N				O				P				Q
		1s	2s	2p	3s	3p	3d	4s	4p	4d	4f	5s	5p	5d	5f	6s	6p	6d	6f	7s
37	Rb	2	2	6	2	6	10	2	6			1								
38	Sr	2	2	6	2	6	10	2	6			2								
39	Y	2	2	6	2	6	10	2	6	1		2								
40	Zr	2	2	6	2	6	10	2	6	2		2								
41	Nb	2	2	6	2	6	10	2	6	4		1								
42	Mo	2	2	6	2	6	10	2	6	5		1								
43	Tc	2	2	6	2	6	10	2	6	6		1								
44	Ru	2	2	6	2	6	10	2	6	7		1								
45	Rh	2	2	6	2	6	10	2	6	8		1								
46	Pd	2	2	6	2	6	10	2	6	10										
47	Ag	2	2	6	2	6	10	2	6	10		1								
48	Cd	2	2	6	2	6	10	2	6	10		2								
49	In	2	2	6	2	6	10	2	6	10		2	1							
50	Sn	2	2	6	2	6	10	2	6	10		2	2							
51	Sb	2	2	6	2	6	10	2	6	10		2	3							
52	Te	2	2	6	2	6	10	2	6	10		2	4							
53	I	2	2	6	2	6	10	2	6	10		2	5							
54	Xe	2	2	6	2	6	10	2	6	10		2	6							
55	Cs	2	2	6	2	6	10	2	6	10		2	6			1				
56	Ba	2	2	6	2	6	10	2	6	10		2	6			2				
57	La	2	2	6	2	6	10	2	6	10		2	6	1		2				
58	Ce	2	2	6	2	6	10	2	6	10	1	2	6	1		2				
59	Pr	2	2	6	2	6	10	2	6	10	3	2	6			2				
60	Nd	2	2	6	2	6	10	2	6	10	4	2	6			2				
61	Pm	2	2	6	2	6	10	2	6	10	5	2	6			2				
62	Sm	2	2	6	2	6	10	2	6	10	6	2	6			2				
63	Eu	2	2	6	2	6	10	2	6	10	7	2	6			2				
64	Gd	2	2	6	2	6	10	2	6	10	7	2	6	1		2				
65	Tb	2	2	6	2	6	10	2	6	10	9	2	6			2				
66	Dy	2	2	6	2	6	10	2	6	10	10	2	6			2				
67	Ho	2	2	6	2	6	10	2	6	10	11	2	6			2				
68	Er	2	2	6	2	6	10	2	6	10	12	2	6			2				
69	Tm	2	2	6	2	6	10	2	6	10	13	2	6			2				
70	Yb	2	2	6	2	6	10	2	6	10	14	2	6			2				
71	Lu	2	2	6	2	6	10	2	6	10	14	2	6	1		2				
72	Hf	2	2	6	2	6	10	2	6	10	14	2	6	2		2				
73	Ta	2	2	6	2	6	10	2	6	10	14	2	6	3		2				
74	W	2	2	6	2	6	10	2	6	10	14	2	6	4		2				
75	Re	2	2	6	2	6	10	2	6	10	14	2	6	5		2				

表 3・2 のつづき

Z	元素	K	L		M			N				O				P				Q
		1s	2s	2p	3s	3p	3d	4s	4p	4d	4f	5s	5p	5d	5f	6s	6p	6d	6f	7s
76	Os	2	2	6	2	6	10	2	6	10	14	2	6	6		2				
77	Ir	2	2	6	2	6	10	2	6	10	14	2	6	7		2				
78	Pt	2	2	6	2	6	10	2	6	10	14	2	6	9		1				
79	Au	2	2	6	2	6	10	2	6	10	14	2	6	10		1				
80	Hg	2	2	6	2	6	10	2	6	10	14	2	6	10		2				
81	Tl	2	2	6	2	6	10	2	6	10	14	2	6	10		2	1			
82	Pb	2	2	6	2	6	10	2	6	10	14	2	6	10		2	2			
83	Bi	2	2	6	2	6	10	2	6	10	14	2	6	10		2	3			
84	Po	2	2	6	2	6	10	2	6	10	14	2	6	10		2	4			
85	At	2	2	6	2	6	10	2	6	10	14	2	6	10		2	5			
86	Rn	2	2	6	2	6	10	2	6	10	14	2	6	10		2	6			
87	Fr	2	2	6	2	6	10	2	6	10	14	2	6	10		2	6			1
88	Ra	2	2	6	2	6	10	2	6	10	14	2	6	10		2	6			2
89	Ac	2	2	6	2	6	10	2	6	10	14	2	6	10		2	6	1		2
90	Th	2	2	6	2	6	10	2	6	10	14	2	6	10		2	6	2		2
91	Pa	2	2	6	2	6	10	2	6	10	14	2	6	10	2	2	6	1		2
92	U	2	2	6	2	6	10	2	6	10	14	2	6	10	3	2	6	1		2
93	Np	2	2	6	2	6	10	2	6	10	14	2	6	10	4	2	6	1		2
94	Pu	2	2	6	2	6	10	2	6	10	14	2	6	10	6	2	6			2
95	Am	2	2	6	2	6	10	2	6	10	14	2	6	10	7	2	6			2
96	Cm	2	2	6	2	6	10	2	6	10	14	2	6	10	7	2	6	1		2
97	Bk	2	2	6	2	6	10	2	6	10	14	2	6	10	9	2	6			2
98	Cf	2	2	6	2	6	10	2	6	10	14	2	6	10	10	2	6			2
99	Es	2	2	6	2	6	10	2	6	10	14	2	6	10	11	2	6			2
100	Fm	2	2	6	2	6	10	2	6	10	14	2	6	10	12	2	6			2
101	Md	2	2	6	2	6	10	2	6	10	14	2	6	10	13	2	6			2
102	No	2	2	6	2	6	10	2	6	10	14	2	6	10	14	2	6			2
103	Lr	2	2	6	2	6	10	2	6	10	14	2	6	10	14	2	6	1		2
		2	8		18			32												

電子が1個しかないが，ヘリウムでは1s軌道に2個の電子が詰まる．原子番号 $Z=3$ のリチウム，$Z=4$ のベリリウムまでは，その上の2s軌道に電子が1個ずつふえる．これらをそれぞれ $(1s)^1$, $(1s)^2$, $(1s)^2(2s)^1$, $(1s)^2(2s)^2$ のように表す．$Z=5$ のホウ素では2p軌道に電子が1個加わり，以下 $Z=10$ のネオンまで2p軌道に電子が順に1個ずつふえる．同じ n の値をもつ軌道を殻 (shell) とよび，$n=1, 2, 3, 4, 5$ の殻をそれぞれ K, L, M, N, O 殻という．ネオ

ンで K, L 殻に全部電子が詰まったことになる．このように，殻に全部電子が詰まった状態を閉殻 (closed shell) といい，安定な電子配置である．量子数 n の殻に入ることのできる電子の総数は $2n^2$ である．

炭素原子のように p 軌道に 2 個の電子があるときには，同じ一つの軌道に 2 個の電子が入るのか，別の軌道に入るのかが問題となる．このような場合，電子は空間的に互いに離れて存在するようべつべつの軌道に，かつスピンが互いに同じ符号をもつように入るのがエネルギー的に安定となる．これを Hund の規則とよんでいる．組立ての原理と，Hund の規則に従った電子配置の例を図 3・11 に示す．

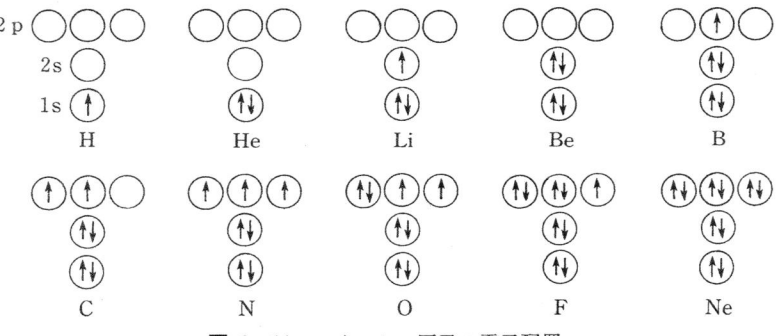

図 3・11 いくつかの原子の電子配置

$Z=11$ のナトリウムから $Z=18$ のアルゴンまで，M 殻の軌道に順次電子が 1 個ずつふえていくことになる．このように，最外殻軌道の電子配置は原子番号とともに周期的に変化することから，元素の化学的性質は周期的に変わることになる．元素の性質の周期的変化を周期律 (periodic law) とよぶが，周期表 (periodic table) はこのような周期律をもとに構成されている．

3・5 イオン化エネルギーと電子親和力

原子の化学的性質を考えるうえで重要なイオン化エネルギー (ionization energy，イオン化ポテンシャルともいう) と電子親和力 (electron affinity) に

ついて考えてみよう．イオン化エネルギーとは，式 (3・7) に示すような，原子から電子を取り除く，

$$M \longrightarrow M^+ + e^-$$
$$M^+ \longrightarrow M^{2+} + e^-$$
$$M^{2+} \longrightarrow M^{3+} + e^-$$
(3・7)

の過程に必要なエネルギーのことであり，そのうちもっとも束縛の弱い電子を取り除くために必要なエネルギーを第一イオン化エネルギーといい，第一イオン化エネルギーを単にイオン化エネルギーとよぶこともある．この第一という呼称は，多電子原子の場合，電子が1個とれた陽イオン A^+ から電子が飛び出して A^{2+} となる場合，さらに A^{2+} から A^{3+} になる場合のエネルギーを，それぞれ第二イオン化エネルギー，第三イオン化エネルギーとよんで互いを区別するためである．

図3・12に原子の第一イオン化エネルギーと，それぞれの原子の最外殻電子数を示す．図からイオン化エネルギーが周期表の順に従い周期的に変化していることがわかる．

これは，イオン化エネルギーがその原子の電子配置に深く関係するためである．図で水素原子からヘリウム原子になるとイオン化エネルギーは増加する．これは，核電荷が +2 となり，1s 軌道にある電子はより束縛されるからである．次のリチウム原子はイオン化エネルギーがヘリウムより大きく低下し最低の値を示している．これは，3個の電子のうち2個が内殻の1s軌道を占め，1個のみが最外殻のL殻にあって，これに加わる +3 の核電荷は，内殻電子によりその多くがしゃへいされているためと考えられる．内殻電子は最外殻電子に比べ，その多くがより原子核に近い部分に分布するため，最外殻電子に対し，有効にしゃへいの効果を果すのである．ベリリウムになると核電荷は +4 となるが，L殻の2s軌道に電子が2個入り，リチウムのときほど有効に電荷はしゃへいされない．ホウ素になると，5番目の電子は2s軌道より束縛の弱い2p軌道に入ることになるため，イオン化エネルギーはベリリウムより小さくなる．ベリリウムから窒素までの変化は，リチウムからホウ素への変化と同じように，次の電子も2p軌道に入るのに核電荷が1単位ふえるため，イオン化エ

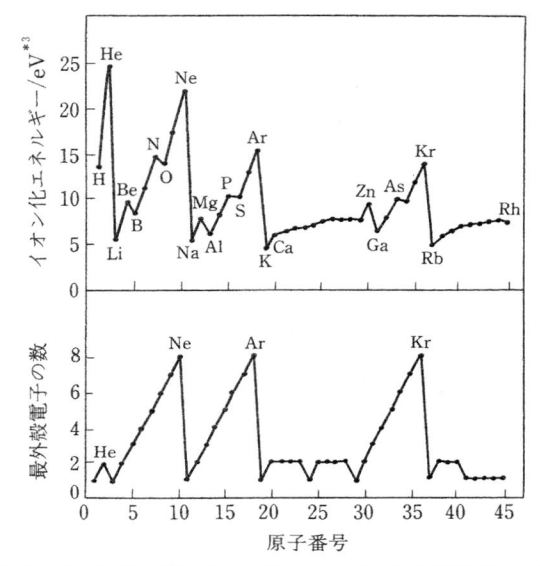

図 3・12 原子の第一イオン化エネルギーと最外殻電子の数

ネルギーは少しずつふえていく．酸素になるとイオン化エネルギーは減少するが，これは窒素までは異なる三つの 2p 軌道に 1 個ずつべつべつに電子が入ってきたのに対し，酸素では同じ 2p 軌道に電子が 2 個入る場合が生じ，この電子が電子間の反発によって外に飛び出しやすくなるためである．次の周期のナトリウムになると，イオン化エネルギーはまた大きく減少するが，これはリチウム原子の場合と同じように，L 殻が閉殻となり，1 個の電子のみがさらにその外側に軌道の広がる M 殻に入るからである．

イオン化エネルギーに対するもう一つの重要なエネルギーである電子親和力は，中性原子に外部から電子 1 個を加えて陰イオンとなる

$$M + e^- \longrightarrow M^- \tag{3・8}$$

の過程で発生するエネルギーである．これはまた，陰イオンから電子が飛び出

---

*3　eV（エレクトロンボルトまたは電子ボルト）：素粒子，原子核，原子，分子などのエネルギーを表す単位．電気素量 e の電荷をもつ粒子が，真空中において，1V の電位差をもつ 2 点間で加速されるときに得るエネルギーで，$1\,\mathrm{eV} = 1.60218 \times 10^{-19}\,\mathrm{J}$.

表 3・3 原子の電子親和力

原子	電子親和力/eV	原子	電子親和力/eV	原子	電子親和力/eV
H	0.754	O	1.461	P	0.747
He	<0	F	3.399	S	2.077
Li	0.618	Ne	<0	Cl	3.617
Be	<0	Na	0.548	Ar	<0
B	0.277	Mg	<0	K	0.501
C	1.263	Al	0.441	Br	3.365
N	−0.07	Si	1.385	I	3.059

し，中性原子に戻る反応で吸収されるエネルギーと考えてもよい．この電子親和力の大きさもイオン化エネルギーの場合と同じように，その原子の電子配置に強く依存する．

外部からの電子が，その元素の一番外側の殻の軌道に入り得る余地があるときには安定な陰イオンをつくり，正の電子親和力をもつ．このとき，同じ外殻電子の数が多いほど，この電子の受ける核の正電荷の力が大きくなるため電子親和力は大きくなる．しかし，希ガス元素のように閉殻構造をもつときには，外部からの電子はもう一つ外側の殻に入ることになり，この場合の核の正電荷によるポテンシャルは小さくなるので陰イオンになりにくく，電子親和力は負の値になる．ハロゲン原子や酸素のように，比較的陰イオンをつくりやすい場合を除けば陰イオンが不安定な場合が多く，したがって，電子親和力を精密かつ実験的に決定することが困難な場合が多い．表 3・3 に数種の原子の電子親和力を示す．

問　題

3・1 主量子数 $n=4$ の場合の可能な l および m_l の値を示せ．また，主量子数 n で規定される軌道に入り得る電子の最大数は $2n^2$ であることを示せ．

3・2 式 (3・4) を用いてリュードベリ定数を求め，水素原子の Lyman スペクトル系列と Balmer スペクトル系列の最初の三つの遷移のエネルギーおよび波長を計算せよ．またイオン化エネルギーはいくらとなるか．イオン化させるためには最低どれだけの波長の光を必要とするか．

3・3 1s 軌道を占めている電子が半径 r の球と半径 $r+dr$ の球殻内に見出される確率の最大となる半径を水素型波動関数を用いて求めよ．この確率最大の半径は原子番号 Z によりどのように変わるか．

3・4 原子の第一イオン化エネルギーは，元素周期表で，一つの族のうち原子番号が大きくなるほど小さくなる傾向をもつ．なぜこのように変わるのであろうか．

3・5 E_1 のエネルギーをもつ縮退した二つの状態 ψ_1 と ψ_1' がある．すなわち，ψ_1 と ψ_1' に対し Schrödinger 方程式，$\mathcal{H}\psi_1 = E_1\psi_1$，$\mathcal{H}\psi_1' = E_1\psi_1'$ が成り立つ．ここで，これらの波動関数の任意の線形結合をとったもの $(a\psi_1 + b\psi_1')$ も Schrödinger 方程式を満足することを示せ．

3・6 表 3・1 に示した波動関数を用い，p_z 軌道に対し，z 軸からの角 θ に対応する方向に，角部分の波動関数 $\Theta\Phi$ および $(\Theta\Phi)^2$ の値を原点からの距離としてプロットした $\Theta\Phi$ および $(\Theta\Phi)^2$ 関数の xz 面内での図を描いてみよ．p_z 軌道は z 軸のまわりに対称であるから，z 軸を含むほかの面内を考えても同じである．

4 化 学 結 合

　いよいよ分子の問題を考えることにしよう．二つの原子が近づいたときにどのような様式で化学結合をつくり，分子の形ができるかという問題は，化学における重要な問題であり，量子論はこれに明解な解答を与えてくれる．水素分子 H_2 の共有結合は，そのもっとも基礎となる問題を含んでおり，その取扱い方をほかの原子の場合に拡張すると，より複雑な分子の化学結合の性格を議論することができる．なぜ H_2 分子が安定に存在し，H_2^- イオンや He_2 分子が存在しにくいか，N_2 と O_2 分子の化学結合はどのように異なるかといった問題を含めて，化学結合に対する幅広い考え方の基本となることがらを本章で学ぶ．まず，H_2 分子の単結合を原子価結合法と分子軌道法の二つの異なる観点から考えてみよう．

4・1 水素分子の結合——Heitler-Londonの理論

量子化学が確立される以前，1916年 G. N. Lewis は共有結合に対する考えを提唱した．彼は，たとえば水素分子では，それぞれの原子に1個ずつ存在している電子が2個で対になり，二原子間に共有されることで結合が生ずると考えた．電子の共有により，それぞれの原子は希ガス型の電子配置をとることになり，分子の安定に結びつくと考える．しかし，この考えはあまりにも定性的である．1926年，E. Schrödinger によって波動方程式が提唱されてまもなく，1927年，W. Heitler と F. London によって量子論の立場から結合についての理論的説明が与えられることになった．そこでまず Heitler-London による水素分子の結合について考えてみよう．この考えを基本とする結合理論を原子価結合法（valence bond method）とよんでいる．

水素分子は2個の陽子（proton）と2個の電子の集合体であり，図4・1に示すように原子核，すなわち陽子を A, B で区別し，電子を 1, 2 で表すとハミルトニアンは

$$\widehat{\mathcal{H}} \equiv -\frac{\hbar^2}{2m}\left(\nabla_1^2 + \nabla_2^2\right) + \frac{1}{4\pi\varepsilon_0}\left(-\frac{e^2}{r_{a1}} - \frac{e^2}{r_{a2}} - \frac{e^2}{r_{b1}} - \frac{e^2}{r_{b2}} + \frac{e^2}{r_{12}} + \frac{e^2}{R}\right) \tag{4・1}$$

となる．ここで，∇_i^2 は i 番目の電子に対する演算子

$$\nabla_i^2 \equiv \frac{\partial^2}{\partial x_i^2} + \frac{\partial^2}{\partial y_i^2} + \frac{\partial^2}{\partial z_i^2}$$

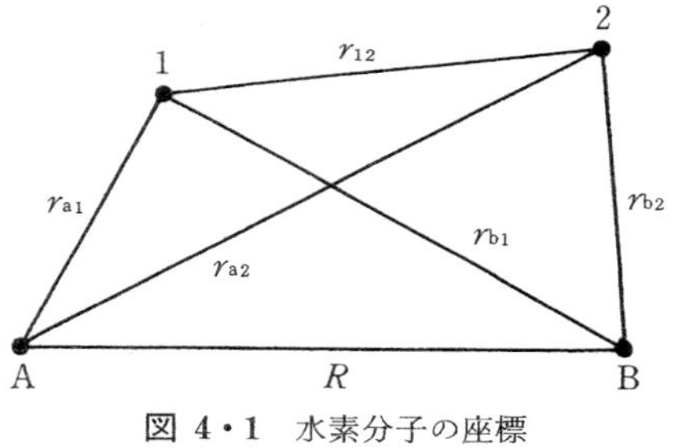

図4・1 水素分子の座標

である．核は電子よりはるかに重いので，核の運動は電子の運動に比べてはるかに遅く，電子が分子内を動いている間，核は相対的に静止していると考えてよい．これを Born-Oppenheimer 近似という．

さて，Schrödinger 方程式は，上述のハミルトニアンを用いると

$$\hat{\mathcal{H}}\psi = E\psi \tag{4・2}$$

と表される（p.28 脚注参照）．ここで，Heitler と London は ψ を次のように表した．まず，電子 1 が核 A に属し，電子 2 が核 B に属す状態を

$$\psi_1 = \phi_{1s_A}(1)\phi_{1s_B}(2) \tag{4・3}$$

とし，電子 2 が核 A に電子 1 が核 B に属す状態を

$$\psi_2 = \phi_{1s_A}(2)\phi_{1s_B}(1) \tag{4・4}$$

と表す．われわれは二つの電子を区別できないので，ψ_1 または ψ_2 のみで水素分子の波動関数とするのは適当でなく，また二つの電子がそれぞれの原子上に行き来し，位置を交換する意味を含めて次のように ψ_1 と ψ_2 の線形結合で表す．

$$\psi = C_1\psi_1 + C_2\psi_2 \tag{4・5}$$

ここで，C_1 と C_2 は二つの状態を取り入れる割合と，二つの関数の相対符号にかかわる定数で，状態を表す確率は，波動関数の二乗で表されるから，当然

$$C_1^2 = C_2^2 \tag{4・6}$$

であり，したがって $C_1 = \pm C_2$ となる．ここで規格化の条件 $\int |\psi|^2 d\tau = 1$ を考慮するとすると水素分子の波動関数 ψ は

$$\begin{aligned}\psi_s &= \frac{1}{\sqrt{2(1+S_{AB}^2)}}\{\phi_{1s_A}(1)\phi_{1s_B}(2) + \phi_{1s_A}(2)\phi_{1s_B}(1)\} \\ \psi_a &= \frac{1}{\sqrt{2(1-S_{AB}^2)}}\{\phi_{1s_A}(1)\phi_{1s_B}(2) - \phi_{1s_A}(2)\phi_{1s_B}(1)\}\end{aligned} \tag{4・7}$$

のように書くことができる．S_{AB} はこの後の式 (4・15) に示される重なりの積分である（p.68〜69 も参照，添字 s および a の意味については後述）．

次に，エネルギーについて考えてみよう．式 (4・2) の両辺に左から ψ^* を掛け（ψ^* の意味は p.28 の脚注参照），全空間にわたり積分すると，エネルギー値は

$$E = \int \phi^* \hat{\mathcal{H}} \phi \, d\tau \Big/ \int \phi^* \phi \, d\tau \tag{4・8}$$

と表されるが*1,式 (4・7) を用いるとそれぞれ

$$E_s = \frac{H_{11} + H_{12}}{S_{11} + S_{12}} \tag{4・9}$$

$$E_a = \frac{H_{11} - H_{12}}{S_{11} - S_{12}} \tag{4・10}$$

となる.ここで,$H_{11}, H_{12}, S_{11}, S_{12}$ は

$$H_{11} = \int \phi_1 \hat{\mathcal{H}} \phi_1 d\tau = \iint \phi_{1s_A}(1) \phi_{1s_B}(2) \hat{\mathcal{H}} \phi_{1s_A}(1) \phi_{1s_B}(2) d\tau_1 d\tau_2 \tag{4・11}$$

$$H_{12} = \int \phi_1 \hat{\mathcal{H}} \phi_2 d\tau = \iint \phi_{1s_A}(1) \phi_{1s_B}(2) \hat{\mathcal{H}} \phi_{1s_A}(2) \phi_{1s_B}(1) d\tau_1 d\tau_2 \tag{4・12}$$

$$S_{11} = \int \phi_1 \phi_1 d\tau = \iint \phi_{1s_A}(1) \phi_{1s_B}(2) \phi_{1s_A}(1) \phi_{1s_B}(2) d\tau_1 d\tau_2$$

$$= \int \phi_{1s_A}(1) \phi_{1s_A}(1) d\tau_1 \int \phi_{1s_B}(2) \phi_{1s_B}(2) d\tau_2 = 1 \tag{4・13}$$

$$S_{12} = \int \phi_1 \phi_2 d\tau = \int \phi_{1s_A}(1) \phi_{1s_B}(1) d\tau_1 \int \phi_{1s_A}(2) \phi_{1s_B}(2) d\tau_2 = S_{AB}^2 \tag{4・14}$$

$$S_{AB} = \int \phi_{1s_A}(1) \phi_{1s_B}(1) d\tau_1 = \int \phi_{1s_A}(2) \phi_{1s_B}(2) d\tau_2 \tag{4・15}$$

で,ϕ_{1s_A}, ϕ_{1s_B} が実関数であることを考慮して表されている.また,二重積分は電子1,電子2の座標について積分することを意味する.

これら E_s, E_a を核間距離 R を変えて計算すると図4・2に示すような水素分子のポテンシャルエネルギー曲線が求まる.E_s, E_a とも R の小さいところで急に大きくなるのは,核間の反発相互作用が大きく寄与してくるためである.図からわかるように,E_a で表されるエネルギーは E_s よりも大きく,また R を変えても極小値を示さない.この状態は不安定な状態で,分子は解離して2個の水素原子になってしまうことを意味する.安定な状態を与えるのは ψ_s の状態で,核間距離 0.080 nm のときにエネルギーが極小値をとり,その値は 300 kJ mol^{-1} である.実測の平衡核間距離は 0.074 nm で結合エネルギーは

---

 *1 $\hat{\mathcal{H}}$ は演算子なので,$\int \phi^* \hat{\mathcal{H}} \phi d\tau$ としなければならない.E は定数なので,$E \int \phi^* \phi d\tau$ としてよい.

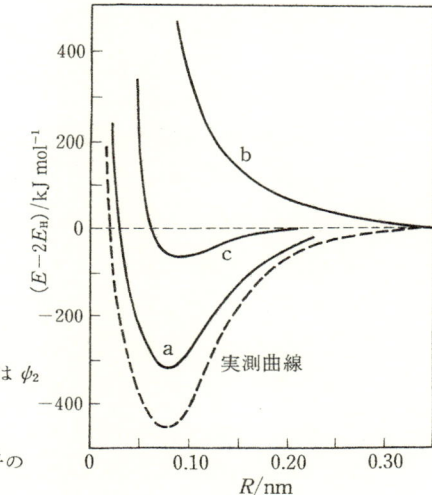

a: 式 (4・7) ϕ_s 関数から求めた曲線
b: 式 (4・7) ϕ_a 関数から求めた曲線
c: 式 (4・3) または式 (4・4) の ϕ_1 または ϕ_2 から求めた曲線
E_H は解離した水素原子のエネルギー

図 4・2 近似波動関数から求めた水素分子のポテンシャルエネルギー曲線

432.07 kJ mol^{-1} であり，計算値は実測値にかなり近いが，十分な一致とはいいがたい．しかし，仮に電子の交換を無視し，波動関数として式 (4・7) の ϕ_s ではなく，式 (4・3) または式 (4・4) に示した $\phi_1 = \phi_{1s_A}(1)\phi_{1s_B}(2)$ または $\phi_2 = \phi_{1s_A}(2)\phi_{1s_B}(1)$ を用いると，平衡核間距離は 0.09 nm でエネルギー値は実測の約 1/20 を与えるにすぎない．ここで得られるエネルギーは 2 個の陽子と 2 個の電子の間のクーロン相互作用によるエネルギーに関する項 H_{11} のみで，2 個の原子の軌道が重なり合って電子が二つの軌道間を行き来している効果を示す積分 H_{12} は含まれてこない．このことは，電子の交換が結合の形成にいかに重要であるかを示している．

4・2 電子スピンを含めた波動関数

前節の議論では電子スピンをまったく無視してきたが，正しい波動関数はスピンを含めたもので，Pauli の排他原理も満たしていなければならない．電子スピンには量子数 m_s が $+1/2$ と $-1/2$ の状態，すなわち α と β で表される二つの状態があるので，二つの電子に対しては 4 通りの組合せ，すなわち四つの

異なる状態が存在する．それらをまず次のように表してみよう．
$$\alpha(1)\alpha(2), \quad \alpha(1)\beta(2), \quad \beta(1)\alpha(2), \quad \beta(1)\beta(2) \quad (4\cdot16)$$
しかし，ここでも前節でふれたように，2個の電子を区別できないので，$\alpha(1)\beta(2)$ と $\beta(1)\alpha(2)$ は電子の交換を考える系では独立な状態を表していることにならない．そこで，異なる二つの状態を表す関数として，それぞれの和と差をとった形の関数を用いてみよう．これらの関数は，電子の交換に対し対称か反対称かの独立な状態を表しており，結局四つの異なる状態を次の四つの関数で表すことにする．

$$\begin{aligned}
&\alpha(1)\alpha(2) \\
&\beta(1)\beta(2) \\
&\frac{1}{\sqrt{2}}\{\alpha(1)\beta(2)+\alpha(2)\beta(1)\} \\
&\frac{1}{\sqrt{2}}\{\alpha(1)\beta(2)-\alpha(2)\beta(1)\}
\end{aligned} \quad (4\cdot17)$$

これらのうち，はじめの三つの関数は電子1と2を入れ換えても関数の符号は変わらないが，最後の一つは関数の符号が変わる．前者は対称関数で，後者は反対称関数である．

前節で得た二つの関数 ψ_s と ψ_a [式 (4・7)] について，電子の交換に対する対称関係をみてみよう．電子1と2を入れ換えると

$$\psi_\mathrm{s} = \frac{1}{\sqrt{2(1+S_{\mathrm{AB}}^2)}}\{\phi_{1s_\mathrm{A}}(1)\phi_{1s_\mathrm{B}}(2)+\phi_{1s_\mathrm{A}}(2)\phi_{1s_\mathrm{B}}(1)\} \longrightarrow$$

$$\psi_\mathrm{s} = \frac{1}{\sqrt{2(1+S_{\mathrm{AB}}^2)}}\{\phi_{1s_\mathrm{A}}(2)\phi_{1s_\mathrm{B}}(1)+\phi_{1s_\mathrm{A}}(1)\phi_{1s_\mathrm{B}}(2)\} \quad (4\cdot18)$$

$$\psi_\mathrm{a} = \frac{1}{\sqrt{2(1-S_{\mathrm{AB}}^2)}}\{\phi_{1s_\mathrm{A}}(1)\phi_{1s_\mathrm{B}}(2)-\phi_{1s_\mathrm{A}}(2)\phi_{1s_\mathrm{B}}(1)\} \longrightarrow$$

$$-\psi_\mathrm{a} = \frac{1}{\sqrt{2(1-S_{\mathrm{AB}}^2)}}\{\phi_{1s_\mathrm{A}}(2)\phi_{1s_\mathrm{B}}(1)-\phi_{1s_\mathrm{A}}(1)\phi_{1s_\mathrm{B}}(2)\} \quad (4\cdot19)$$

ψ_s はそのままであるが，$\psi_\mathrm{a} \to -\psi_\mathrm{a}$ となる．ψ_s は電子の交換に対して対称であり，ψ_a は反対称である．ψ の添字 s, a は，このような対称 (symmetric)，反対称 (antisymmetric) を表している．

全波動関数は軌道に関する波動関数とスピン関数との積で表されるが，Pauli の原理により，全波動関数は電子の交換に対し反対称でなければならない．したがって，空間座標で対称な関数にはスピン座標で反対称な関数を，空間座標で反対称な関数にはスピン関数で対称な関数を組み合わせた次の関数が正しい波動関数となる．

$$^1\Psi = \phi_s \frac{1}{\sqrt{2}}\{\alpha(1)\beta(2) - \alpha(2)\beta(1)\}$$

$$^3\Psi = \phi_a \times \begin{cases} \alpha(1)\alpha(2) \\ \beta(1)\beta(2) \\ \dfrac{1}{\sqrt{2}}\{\alpha(1)\beta(2) + \alpha(2)\beta(1)\} \end{cases} \quad (4\cdot 20)$$

ϕ_s には一組のスピン関数が対応しており，一重項状態 (singlet state) という．これに対して，ϕ_a には三組のスピン関数が対応し，三つの異なる状態があることになる．これを三重項状態 (triplet state) とよぶ[*2]．先に述べたように，エネルギー的に安定なのは ϕ_s を含む一重項状態 $^1\Psi$ で，これが基底状態となる．

4・3 水素分子イオンと水素分子——分子軌道法

Heitler-London による原子価結合法は，化学結合理論の発端となるものであったが，これとは別に少し遅れて，分子軌道法 (molecular orbital method) とよばれる理論が提唱され，まったく異なる方法で結合の問題が扱われるようになった．本節では，もっとも簡単な分子である陽子2個と，電子1個からなる水素分子イオン H_2^+ をまず分子軌道法で取り扱って，分子軌道の概念を学び，そのうえで水素分子の問題を考えてみよう．

分子軌道法では，原子内の電子の運動を取り扱うのに原子軌道を考えたように，分子内に広がる軌道として分子軌道を考え，その分子軌道関数を次のように原子軌道関数の線形結合で表す．

[*2] 一重項状態では全スピン角運動量 S は 0, 三重項状態では $S=1$. 三重項状態の三つの状態は $M_S=1, 0, -1$ に対応する．

64   4 化学結合

$$\psi = C_1\phi_{1s_A}(1) + C_2\phi_{1s_B}(1) \tag{4・21}$$

この式は,電子 (1) が核 A の近くにあるときには電子は近似的に A の 1s 軌道 ϕ_{1s_A} 上にあるように振る舞い,また B の近くでは B の 1s 軌道 ϕ_{1s_B} 上にあるかのように振る舞うが,ϕ_{1s_A} または ϕ_{1s_B} 上にだけとどまるのではなく,両方に分布することを示している.それぞれの原子軌道上に存在する確率は,それぞれの関数の係数の二乗に比例するので,$C_1^2 = C_2^2$,また,規格化の条件 $\int |\psi|^2 d\tau = 1$ を考慮すると,H_2^+ の分子軌道として次の二つの関数が導かれる.

$$\psi_+ = \frac{1}{\sqrt{2(1+S_{AB})}}\{\phi_{1s_A}(1) + \phi_{1s_B}(1)\} \tag{4・22}$$

$$\psi_- = \frac{1}{\sqrt{2(1-S_{AB})}}\{\phi_{1s_A}(1) - \phi_{1s_B}(1)\} \tag{4・23}$$

ここで,

$$S_{AB} = \int \phi_{1s_A}(1)\phi_{1s_B}(1)d\tau \tag{4・24}$$

である.

このような波動関数の状態に対するそれぞれのエネルギーは,式 (4・8) に

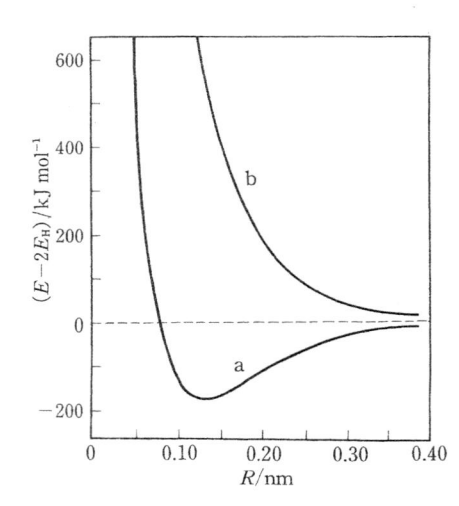

a: 結合性軌道 ψ_+ に対するポテンシャルエネルギー
b: 反結合性軌道 ψ_- に対するポテンシャルエネルギー
E_H は解離した水素原子のエネルギー

図 4・3 分子軌道法で求めた水素分子イオンのポテンシャルエネルギー曲線

より求められる.ここで,ハミルトニアンは2個の陽子と1個の電子からなる系であるから,前節にならって次式のように表される.

$$\hat{\mathcal{H}} \equiv -\frac{\hbar^2}{2m}\nabla_1^2 + \frac{1}{4\pi\varepsilon_0}\left(-\frac{e^2}{r_{a1}} - \frac{e^2}{r_{b1}} + \frac{e^2}{R}\right) \quad (4\cdot25)$$

図4・3は,核間距離 R の関数として求めたエネルギー,すなわちポテンシャルエネルギー曲線を示したものである.図からわかるように,ψ_+ の状態は極小エネルギーをもつ.このときの核間距離は 0.132 nm で結合エネルギーは 172 kJ mol^{-1} である.実測値は 0.106 nm と 269 kJ mol^{-1} で,かならずしもよく一致しないが,分子軌道の形成によって結合が生成されることを十分に示したものといえる.一方,ψ_- の状態はエネルギーに極小点を与えず,エネルギーは原子が離れた状態よりむしろ不安定化し,安定な結合が生じない.安定な結合が生ずる軌道 ψ_+ を結合性軌道 (bonding orbital) といい,ψ_- を反結合性軌道 (antibonding orbital) とよんでいる.

ここでなぜ ψ_+ が安定な結合をつくり,ψ_- ではつくらないかを軌道の形から考えてみよう.軌道の形,すなわち電子の空間分布をみるにはそれぞれの軌道について $|\psi^2|\mathrm{d}\tau$ をとってみればよい.簡単のため重なり積分 S_{AB} を無視して考えると,ψ_+ では

$$\left\{\frac{1}{\sqrt{2}}(\phi_{1s_A} + \phi_{1s_B})\right\}^2 \mathrm{d}\tau = \frac{1}{2}\phi_{1s_A}{}^2\mathrm{d}\tau + \frac{1}{2}\phi_{1s_B}{}^2\mathrm{d}\tau + \phi_{1s_A}\phi_{1s_B}\mathrm{d}\tau \quad (4\cdot26)$$

ψ_- では

$$\left\{\frac{1}{\sqrt{2}}(\phi_{1s_A} - \phi_{1s_B})\right\}^2 \mathrm{d}\tau = \frac{1}{2}\phi_{1s_A}{}^2\mathrm{d}\tau + \frac{1}{2}\phi_{1s_B}{}^2\mathrm{d}\tau - \phi_{1s_A}\phi_{1s_B}\mathrm{d}\tau \quad (4\cdot27)$$

いずれの場合にも,核A,Bの近くでは相手側の1s軌道の寄与が小さいので,電子の分布は $(1/2)\phi_{1s_A}{}^2$,$(1/2)\phi_{1s_B}{}^2$ に近い.しかし,A,Bの間の領域では,前者ではむしろ $\phi_{1s_A}\phi_{1s_B}$ だけ増加し,後者では $\phi_{1s_A}\phi_{1s_B}$ だけ減少している.反結合性軌道では,AとBの領域で関数の符号が異なるから,その中間点では関数は0となり,電子密度0の節が存在する.図4・4はこのような結合性軌道と反結合性軌道を模式的に示したものである.このように,分子軌道の形成を考えることによって,かつて G. N. Lewis らが提唱したように,二つの電子の対が二つの原子間に共有されることを考えなくても安定な結合の形成が説明で

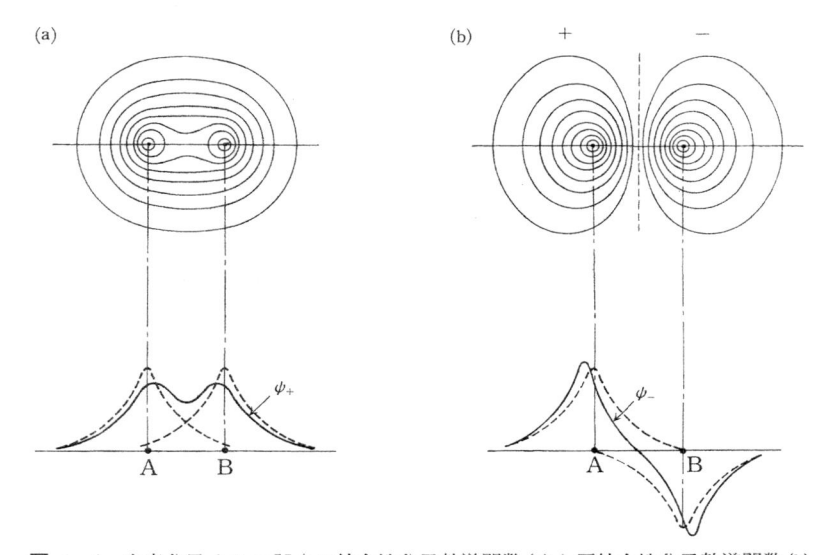

図 4・4 水素分子イオン H_2^+ の結合性分子軌道関数(a)と反結合性分子軌道関数(b)

きることは興味深い．

次に水素分子をとりあげる．この系は電子が水素分子イオンより1個ふえて2個となる．2個の電子は，Pauli の原理を満たすように反対符号のスピンをもち，ϕ_+ 軌道に入る．波動関数は軌道部分だけを考えると，電子1に対しては

$$\phi_+(1) = \frac{1}{\sqrt{2(1+S_{AB})}} \{\phi_{1s_A}(1) + \phi_{1s_B}(1)\} \quad (4 \cdot 28)$$

電子2に対しては

$$\phi_+(2) = \frac{1}{\sqrt{2(1+S_{AB})}} \{\phi_{1s_A}(2) + \phi_{1s_B}(2)\} \quad (4 \cdot 29)$$

と書くことができるので，電子1と2の一対の電子に対しては

$$\begin{aligned}\Psi &= \phi_+(1)\phi_+(2) \\ &= \frac{1}{2(1+S_{AB})} \{\phi_{1s_A}(1) + \phi_{1s_B}(1)\}\{\phi_{1s_A}(2) + \phi_{1s_B}(2)\}\end{aligned} \quad (4 \cdot 30)$$

の形で表される．この波動関数のもとでのエネルギーは，式 (4・3) から計算される．計算結果として結合エネルギー $256 \, \mathrm{kJ \, mol^{-1}}$，結合距離 $0.0850 \, \mathrm{nm}$ が得られた．なお，4・2節の議論にならってスピンを含めた波動関数は

$$^1\Psi = \frac{1}{2(1+S_{AB})}\{\phi_{1s_A}(1)+\phi_{1s_B}(1)\}\{\phi_{1s_A}(2)+\phi_{1s_B}(2)\}$$
$$\times \frac{1}{\sqrt{2}}\{\alpha(1)\beta(2)-\beta(1)\alpha(2)\} \qquad (4\cdot31)$$

のように表される．基底状態は一重項状態である．

4・4 等核二原子分子

　水素分子イオンと水素分子の結合に対して用いた分子軌道法の考え方は，ほかの等核二原子分子の結合にも拡張できる．前節では，二つの1s軌道の線形結合により二つの分子軌道，すなわち結合性軌道と反結合性軌道ができることを示したが，ここで1s軌道に電子を2個含むヘリウム原子どうしの結合(He_2)について考えてみよう．この場合，電子は全部で4個あるから，Pauliの原理により結合性軌道と反結合性軌道に2個ずつの電子が入ることになる．このように，反結合性軌道にまで電子が満たされることになると，結合性軌道に電子が2個入ることで得た結合エネルギーは，反結合性軌道に電子が入ることで打ち消されてしまい，安定な結合を生じない．結局，He間には安定な結合は存在し得ない[*3]．

　L殻に電子を含む第二周期元素がつくる二原子の場合には，1s軌道よりも外殻にある2s, 2p軌道が当然結合に深くかかわる．後の議論でも示すように，内殻にある電子は結合への寄与は無視でき，最外殻にある電子が結合や化学的性質に深くかかわるので，これを原子価電子または価電子 (valence electron) とよんでいる．さて，第二周期元素がつくる二原子分子では，H_2^+ あるいは H_2 分子の場合と同じように，二つの原子に属する2個の2s軌道から結合性軌道，反結合性軌道の二つがつくられる．結合性軌道では個々独立な2s軌道より安定化する．また，それぞれの2s軌道の重ね合わせより，二つの核の中間部分

[*3] 5章で述べる van der Waals 相互作用が He 原子間に働き，低温で van der Waals 分子を生成することが知られている．これについては5・2節および6・1・1項を参照されたい．

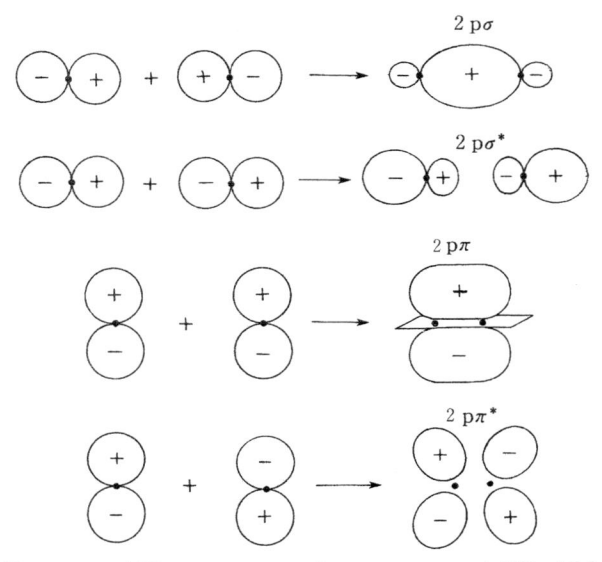

図 4・5 2p 軌道からの 2pσ, 2pσ* および 2pπ, 2pπ* 軌道の形成

では電子密度がふえる．反結合性軌道では，二つの核の間の部分では電子密度はむしろ減少し，中央部分には電子密度0の節が存在し，エネルギー的には逆に不安定化している．

 2p軌道まで電子が入っている原子どうしの結合の場合には，2p軌道の重なりも考えなければならない．この場合には2通りの結合がある．まず，核を結ぶ軸の方向をx軸方向とし，この方向に向いた$2p_x$軌道の結合を考えてみよう．この場合は，軌道が互いの原子のほうを向いているので，先の2s軌道どうしよりも軌道相互の重なりは大きい．すなわち相互作用が大きい．図4・5に示すように，この場合にも結合性軌道と反結合性軌道の二つの軌道が考えられるが，結合性軌道におけるエネルギーの安定化は2s軌道どうしの場合よりも大きく，また反結合性軌道におけるエネルギーの不安定化は2s軌道どうしの反結合性軌道の不安定化より大きい．

 核を結ぶ軸と直交する方向に軌道の方向が向いている$2p_y$軌道どうし，あるいは$2p_z$軌道どうしの結合も可能である．この場合の結合性および反結合性

4・4 等核二原子分子　69

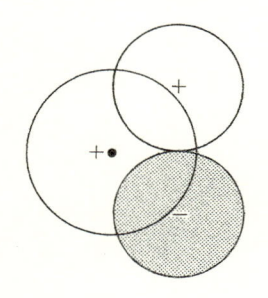

図 4・6 重なり積分が 0 になる s 軌道と p 軌道の重なり

軌道の広がりを, 図 4・5 に示した. 軌道どうしの重なりは, 2 p_x 軌道どうしの重なりよりも小さいので結合は弱い. 図 4・5 からわかるように, p_x-p_x 軌道間でつくられる軌道と, p_y-p_y あるいは p_z-p_z 間でつくられる軌道では軌道の形に大きな違いがみられる. 前者は結合軸に関して軸対称であるのに対し, 後者は xz 面あるいは xy 面に電子雲の存在しない節面が存在し, この面に関し軌道は反対称, すなわち節面の上下で軌道関数の符号が異なる. 前者のような結合を σ 結合, 後者を π 結合とよんでいる. それぞれの軌道は $1s\sigma, 2s\sigma, 2p\sigma,$ $2p\pi_y, 2p\pi_z$ などの記号で表される. また, 反結合性軌道には結合性軌道と区別して * 印をつけ, $2s\sigma^*, 2p\pi_y^*$ などと表現される.

二つの原子上の p_x または p_y と p_z 軌道の間, s 軌道と p_y または p_z 軌道の間には結合は生じない. これは図 4・6 に示すように, 一見軌道の間に重なりがあるようにみえるが, 軌道関数の積が正の関係の重なりになっている部分, すなわち結合的相互作用をもつ部分と, 負の関係の重なりの部分, すなわち反結合的重なりをもつ部分とが同じ割合で存在し, 軌道全体としては結合にまったく寄与しないためである. この場合, 二つの軌道の間の次のような積分は 0 である.

$$\int \phi_{p_x}\phi_{p_y}d\tau = 0, \int \phi_{p_x}\phi_{p_z}d\tau = 0, \int \phi_s\phi_{p_y}d\tau = 0, \int \phi_s\phi_{p_z}d\tau = 0 \quad (4\cdot32)$$

このような二つの軌道 ϕ_a, ϕ_b 間の $\int \phi_a\phi_b d\tau$ の形の積分を重なりの積分 (overlap integral) とよぶが, このような積分の値が結合の強さの一つの目安を与える.

図 4・7 に $1s, 2s, 2p$ によってつくられる分子軌道を示す. $2p\sigma, 2p\pi$ のエ

70   4 化学結合

(原子軌道) (分子軌道) (原子軌道)　　(原子軌道) (分子軌道) (原子軌道)

(a) O, F などからつくられる分子または　(b) B, C, N などからつくられる分子または
　　イオンに対して考えられる分子軌道図　　　　イオンに対して考えられる分子軌道図

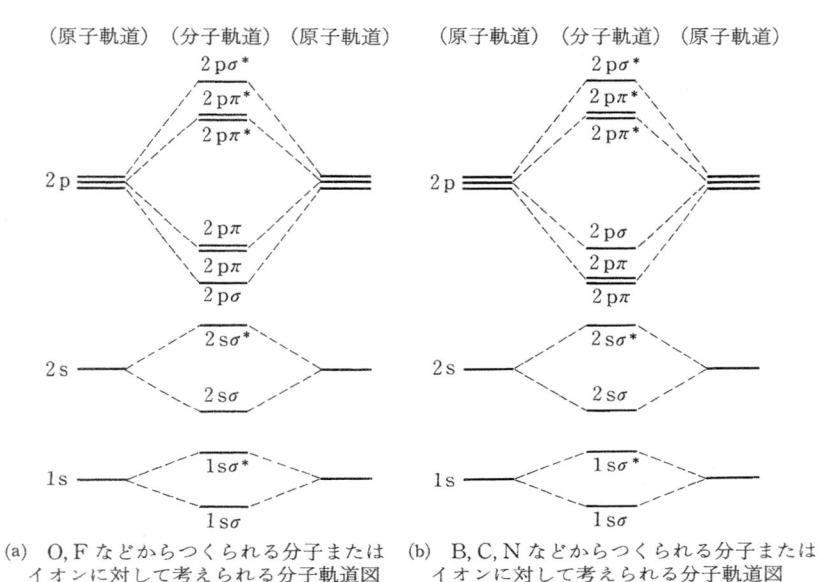

図 4・7　等核二原子分子の分子軌道のエネルギー準位図

ネルギー準位の順序は，分子により (a) の場合と (b) の場合のあることが知られている．2s, 2p 原子軌道関数準位の近い系では $2s\sigma$, $2p\sigma$ 軌道間，$2s\sigma^*$, $2p\sigma^*$ 軌道間が接近していて，これらの軌道間の混合が起き，これが (b) のような準位の順序を変えることにつながるのである．各軌道がどのような順序になっているかは，個々の分子について，いろいろな分光学的方法や理論計算をもとに推定され，窒素分子では (b) の状態に，また酸素分子では (a) の状態にあると考えられている．

ここで，実際の分子について，電子がどのようにこれらの軌道に割り当てられるかをみてみよう．まず N_2 分子はどうであろうか．窒素原子の原子番号 Z は 7 であるので，N_2 分子には 14 個の電子が存在し，低いエネルギー準位の軌道から順に一つの軌道に α スピンと β スピンの電子が 2 個ずつ入る．したがって，N_2 分子は，$(1s\sigma)^2(1s\sigma^*)^2(2s\sigma)^2(2s\sigma^*)^2(2p\pi)^4(2p\sigma)^2$ の電子配置をとる．ここでは窒素の閉殻軌道の電子を含めて考えたが，窒素原子の閉殻とな

っている 1s 軌道の二つの電子は N_2 分子では $1s\sigma$ と $1s\sigma^*$ をともに満たしてしまい，結合と反結合的作用がほぼ打ち消しあって結合には寄与しない．そこで，結合を考えるときは，閉殻電子ははじめから無視してよい．また N_2 分子の場合には，$2s\sigma$ と $2s\sigma^*$ 軌道もともに電子が満たされているから，これら二つの軌道も結合には寄与しない．残りの三つの軌道 $2p\pi_y, 2p\pi_z, 2p\sigma$ にある電子が結合に直接関与することになる．したがって，N_2 分子は三重結合的性格をもつことになる．

N_2^+ になると，結合性軌道の $2p\sigma$ から電子が 1 個とれるので，結合の強さは N_2 分子より弱くなる．結合エネルギーの実測値は N_2 で 941.6 kJ mol^{-1} で，N_2^+ では 840.6 kJ mol^{-1} である．

次に，O_2 分子について考えてみよう．酸素原子は 8 個の電子をもつので，O_2 分子としては電子が 16 個ある．先の説明に基づき酸素原子の閉殻軌道にある 2 個の電子は無視して考え，6 個ずつ 12 個の電子を，$2s\sigma$ から 2 個ずつ入れていく．そうすると $2p\pi$ まで電子が満たされ，さらに $2p\pi^*$ に 2 個の電子が入ることになる．この軌道は $2p\pi_y^*$ と $2p\pi_z^*$ で二重に縮退^{*4} している．このような場合は，Hund の規則により，2 個の電子は 1 個ずつ異なる軌道にべつべつに入ったほうが，同じ軌道に 2 個入るよりも電子間反発のエネルギーが小さくなるため安定である．したがって，O_2 分子の基底状態は，$(1s\sigma)^2(1s\sigma^*)^2(2s\sigma)^2(2s\sigma^*)^2(2p\sigma)^2(2p\pi_y)^2(2p\pi_z)^2(2p\pi_y^*)(2p\pi_z^*)$ という電子配置をもち，対になっていない電子を 2 個含むことになる．対になっていない電子を不対電子（unpaired electron）とよんでいる．O_2^+ 分子では N_2^+ の場合とは逆に，反結合性 $2p\pi^*$ から電子が 1 個とれるので，結合は O_2 よりも強くなり，結合エネルギーは O_2 で 493.6 kJ mol^{-1} なのに対し，O_2^+ では 625 kJ mol^{-1} となる．

4・5　異核二原子分子と結合のイオン性

異なる原子間の結合の問題について考えてみよう．原子が異なれば，結合に

---

*4　二つの異なる軌道のエネルギーがまったく等しいこと．

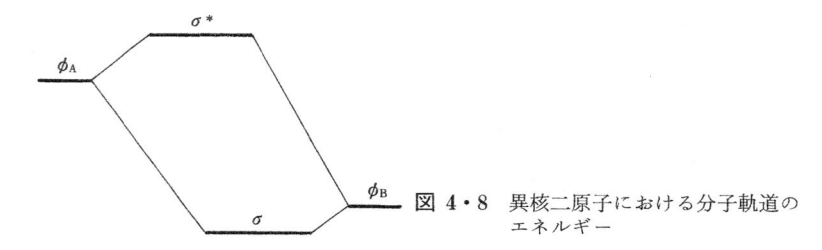

図 4・8 異核二原子における分子軌道のエネルギー

関与する原子軌道のエネルギーは互いに等しくない．A, B 二つの原子の原子軌道 ϕ_A, ϕ_B の間に重なりがあると，前節で述べたように結合性軌道と反結合性軌道ができる（図4・8）．結合性軌道はエネルギーの低いほうの原子軌道 ϕ_B より安定化し，反結合性軌道は ϕ_A より不安定化する．

ϕ_A, ϕ_B 二つの原子軌道によってつくられる分子軌道のなかの電子の分布は ϕ_A, ϕ_B 両方に一様にはならない．すなわち

$$\phi(\sigma) = a\phi_A + b\phi_B$$
$$\phi(\sigma^*) = a'\phi_A - b'\phi_B \tag{4・33}$$

の形で表される分子軌道において，a^2, b^2 は ϕ_A 軌道および ϕ_B 軌道上に電子が分布する確率となるが，$a^2 = b^2$ ではない．結合性軌道にあっては一般に，安定な ϕ_B 軌道のほうに電子がより多く分布する．すなわち $b^2 > a^2$ である．逆に，反結合性軌道では $a'^2 > b'^2$ となる．このようにして，分子全体としての電荷の分布は，二つの原子上で一様ではなくなる．

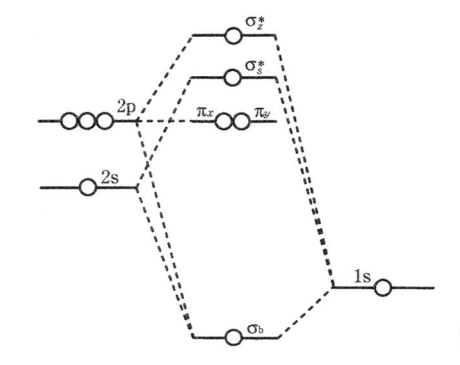

図 4・9 LiH における分子軌道の形成

4・5 異核二原子分子と結合のイオン性

具体例として LiH の場合を考えてみよう. LiH の分子軌道エネルギー準位の概略を図 4・9 に示した.

図の左および右側には Li の 2s, 2p 準位と H の 1s 準位が示してある. Li の内殻軌道 1s は結合への関与が無視できるので略してある. H の 1s 準位は Li の 2s 準位より低い. H の 1s 軌道は Li の 2s 軌道のみでなく, エネルギー的に近い $2p_z$ 軌道 (結合方向を z とする) とも同時に重なりをもつようになる. H の 1s 軌道は Li の $2p_x, 2p_y$ 軌道とは相互作用をもたない (図 4・6 参照). そこで最低の分子軌道 $\phi(\sigma_b)$ は

$$\phi(\sigma_b) = c_1\phi(1s_H) + c_2\phi(2s_{Li}) + c_3\phi(2p_{zLi}) \qquad (4・34)$$

で表される. $\phi(\sigma_b)$ は H の 1s 準位よりも安定で H の 1s 準位の寄与がもっとも大きい. 分子軌道 $\phi(\sigma_s)^*$ は Li の 2s と H の 1s から組み立てられているが, Li の 2s 軌道より不安定で, Li の 2s 軌道の寄与が大きい. これに対し $\phi(\sigma_z)^*$ は H の 1s 軌道と Li の $2p_z$ 軌道よりなり, Li の 2p 軌道より不安定で Li の $2p_z$ 軌道の寄与が大きい. このような軌道をもつ LiH 分子で, Li の 2s からの価電子 1 個と H の 1s からの価電子 1 個の計 2 個の電子が分子軌道 $\phi(\sigma_b)$ に入る. この軌道は H の 1s 軌道の寄与が大きいので, H の方に多くの電子が分布し, $Li^{\delta+}H^{\delta-}$ のような状態になる.

以上のように, 電荷の分布が一様でない結合を極性結合 (polar bond) とよんでいる. どちらの原子の電荷分布が大きいのか, またどの程度大きいのかを見積る尺度として電気陰性度 (electronegativity) というパラメーターがある.

電気陰性度は原子が電子を引きつける強さの相対値で, R. S. Mulliken により定義された電気陰性度目盛りと, L. Pauling により定義されたものの二つがある. 前者は元素のイオン化エネルギー I と電子親和力 E の平均値をとり

$$\chi_M = \frac{1}{2}(I+E) \qquad (4・35)$$

と定義されている. 電気陰性度の大きな原子は分子内の他の原子に電子を与えにくく (イオン化エネルギーが大きく), また電子を受け入れやすい (電子親和力が大きい) のである. 一方, Pauling の電気陰性度 χ_P は, 結合エネルギーがイオン的結合をとったためにどの程度変わるかを A-A, B-B, A-B 分子の結合

表 4・1 Pauling の電気陰性度 χ_P

H 2.1						
Li 1.0	Be 1.5	B 2.0	C 2.6	N 3.0	O 3.4	F 4.0
Na 0.9	Mg 1.3	Al 1.6	Si 1.9	P 2.2	S 2.6	Cl 3.2
K 0.8			Ge 2.0	As 2.2	Se 2.6	Br 3.0
Rb 0.8						I 2.7

エネルギーから見積り，この変化量が二つの元素間の電気陰性度の差に比例するとして決められている．この2種類の電気陰性度は互いに値は異なるが，次のような関係がなりたつ．

$$\chi_M \sim 2.8\,\chi_P \qquad (4・36)$$

表4・1にPaulingの電気陰性度の値を示す．もっとも電気陰性度の大きな原子はフッ素で，電気陰性度は周期律上の配列とよい相関をもつことに注意しよう．

二原子分子における結合の極性は電気双極子モーメント (electric dipole moment)[*5] の測定から知ることができる．この双極子モーメントは，$+q$の正電荷と$-q$の負電荷が距離rだけ隔てて存在するとき

$$\mu = qr \qquad (4・37)$$

で定義される．電気双極子モーメントは負電荷から正電荷へ向かう矢印で表される．電子の電荷は1.60218×10^{-19}Cであり，rは1×10^{-10}mのオーダーなので，国際単位系では10^{-30}Cmのオーダーとなる．通常3.33564×10^{-30}Cmを1Dとして電気双極子モーメントをデバイ (D) 単位で表す[*6]．電荷の重心が原子核上にあるとすれば，原子間距離がわかればqの大きさは容易に推算でき

[*5] 単に双極子モーメントともよばれる．

[*6] 電荷の単位にesuを用い，分子の長さがÅのオーダー ($1Å=10^{-8}$cm) であることから，1×10^{-18} esu cm を 1 Debye (D) と定義している．1 esu単位は，1 cm離れたところにある等量電荷を1 dyneの力で反発する電荷として定義される．国際単位系では$1C=3\times10^9$ esu なので 3.33564×10^{-30} Cm が1D となる．

表 4・2 ハロゲン化水素の結合のイオン性

分子	イオン性/%	分子	イオン性/%
HF	43	HBr	12
HCl	18	HI	6

る．たとえば，HCl 分子の双極子モーメントは 1.11 D であるが，原子間距離は 1.28 Å（=1.28×10⁻¹⁰ m）である．HCl が完全なイオン結合 H⁺Cl⁻ であるとすれば，双極子モーメントは

$$\mu = (1.28\times 10^{-10}\,\text{m}) \times (1.60\times 10^{-19}\,\text{C}) = 20.5\times 10^{-30}\,\text{C m} = 6.14\,\text{D}$$

のはずである．したがって，H—Cl 結合のイオン性は $(1.11/6.14)\times 100 = 18$ %，いい換えると，水素および塩素上に $+0.18\,e, -0.18\,e$ の電荷のかたよりがあると推定される．表 4・2 にハロゲン化水素分子の結合のイオン性を示す．

4・6 結合の方向性——混成軌道

分子はそれぞれ特徴的な構造をもっているが，なぜそのような構造をとるのかは，きわめて興味ある問題の一つである．ここでは結合角について，まず H_2O 分子の場合を考えてみよう．酸素原子は基底状態では $(1s)^2(2s)^2(2p_x)^2(2p_y)(2p_z)$ の電子配置をもち，対になっていない電子 2 個が二つの p 軌道を占めている．これが 2 個の水素原子との結合に関与するとすれば，H—O—H の角度は 90° になるはずである．しかし実際には，結合角は 104.5° である．また，NH_3 分子では窒素原子の電子配置は $(1s)^2(2s)^2(2p_x)(2p_y)(2p_z)$ で，対になっていない電子 3 個が三つの p 軌道を占めている．これらが水素原子との結合に関与するとすれば，この場合にも NH 結合間の角度は 90° になるはずであるが，実際には 106.7° である．これらの分子では，結合の極性のために生ずる水素原子上の正電荷の反発によって，それぞれの角度が開いたのではないかとも考えられる．しかし，このような考え方だけですべての分子の構造を説明できるのであろうか．

メタン分子 CH_4 について考えてみよう．メタン分子は正四面体構造をとり，その中心に炭素原子が位置し，C—H 結合は正四面体角の四隅にある水素原子

方向にのびていて，すべての C—H 結合は等価である．炭素原子の基底状態は $(1s)^2(2s)^2(2p)^2$ であるが，四つの水素原子との結合を考えるため，一つの 2s 電子が 2p 軌道に移った次のような電子配置 $(1s)^2(2s)(2p_x)(2p_y)(2p_z)$ を考えてみよう．ここで，各軌道上にある不対電子が，それぞれ独立に 4 個の水素原子との結合にかかわるとすれば，2s 軌道の関与する結合がほかと違うものになってしまい，各 C—H 結合は等価にならない．そこで，前節で結合をつくるさいに軌道間の重なりが重要な意味をもつことを述べたが，原子から分子を構成するさいには，できるだけ軌道の重なりが大きくなり，そのほうがエネルギー的に安定な結合をつくるという考えを強く取り入れて，混成軌道 (hybrid orbital) という概念が導入された．この考えを用いると，メタンの系も含めて分子の構造を無理なく説明できる．簡単な系について，混成軌道の概念を説明しよう．

まず，アセチレン分子 H—C≡C—H を考える．この分子は直線型構造をもっている．先に述べた炭素原子の電子配置 $(1s)^2(2s)(2p_x)(2p_y)(2p_z)$ をもとに，結合方向を y 軸として，炭素の $2p_y$-$2p_y$ 軌道間で C—C σ 結合を，$2p_x$-$2p_x$, $2p_z$-$2p_z$ 軌道間で二つの π 結合を，さらに炭素の 2s 軌道と水素の 1s 軌道間で C—H 結合がつくられるとみることもできる．しかしここで，C—C, C—H の σ 結合に関与するのは純粋な $2p_y$ 軌道あるいは 2s 軌道ではなく，$2p_y$ と 2s 軌道の混ざり合った軌道

$$\psi_1 = \frac{1}{\sqrt{2}}(\phi_s + \phi_{p_y})$$
$$\psi_2 = \frac{1}{\sqrt{2}}(\phi_s - \phi_{p_y})$$

(4・38)

と考えてみよう．図 4・10 に示すように，ψ_1 では 2s と $2p_y$ 軌道の正の符号を

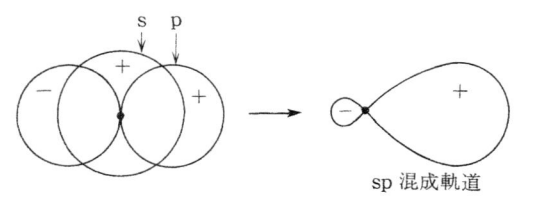

図 4・10　sp 混成軌道

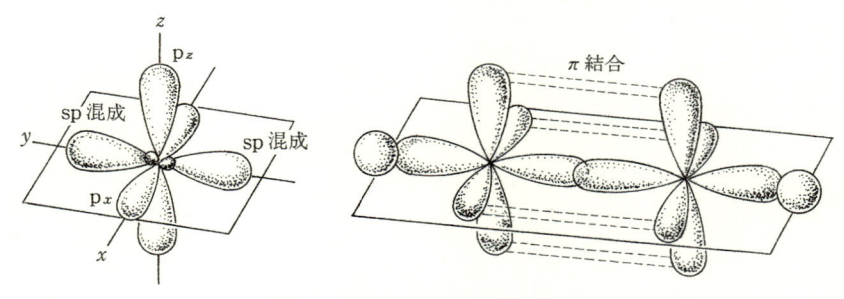

図 4・11 アセチレン分子の結合

もつ部分どうしが重なり合って軌道が大きくなり，正と負の符号の重なる部分は逆に小さくなる．ψ_2 の場合には，p 軌道の符号関係が ψ_1 とは逆なので，ψ_1 とは逆の方向に電子雲の大きな広がりを生ずることになる．

このように，軌道の線形結合をとることを混成（hybridization）とよんでいる．アセチレン分子の場合には，1 個の s 軌道と p 軌道が線形結合をとっており sp 混成とよばれている．このような混成を考えることで，純粋な s 軌道あるいは p 軌道から結合ができるよりも軌道間の重なりが大きくなり，より安定な結合が生ずることになる．アセチレンでは，炭素 1 の ψ_1 と炭素 2 の ψ_2 から C—C σ 結合を生じ，混成していない炭素上の二つの $2p_x, 2p_z$ 軌道から二つの π 結合がつくられ，結局，炭素-炭素間は三重結合となる（図 4・11）．また，炭素 1 の ψ_2 と水素の 1s 軌道から C_1—H σ 結合が，炭素 2 の ψ_1 と水素の 1s 軌道から C_2—H σ 結合がつくられる．

次に，エチレン分子 $H_2C=CH_2$ について考えてみよう．この分子は平面構造をとり，炭素からのびる三つの結合角はそれぞれほぼ 120° である．そこで，炭素の C—C σ 結合と二つの C—H 結合に対し，図 4・12 の座標系のもとで次のような軌道の混成を考える．

$$\begin{aligned}\psi_1 &= \sqrt{1/3}\phi_s + \sqrt{2/3}\phi_{p_x} \\ \psi_2 &= \sqrt{1/3}\phi_s - \sqrt{1/6}\phi_{p_x} + \sqrt{1/2}\phi_{p_y} \\ \psi_3 &= \sqrt{1/3}\phi_s - \sqrt{1/6}\phi_{p_x} - \sqrt{1/2}\phi_{p_y}\end{aligned} \quad (4\cdot39)$$

1 個の 2s 軌道と 2 個の 2p 軌道からつくられるので，sp^2 混成軌道とよんでいる．式（4・39）の各軌道がどの方向を向いているかは，先の sp 混成軌道のと

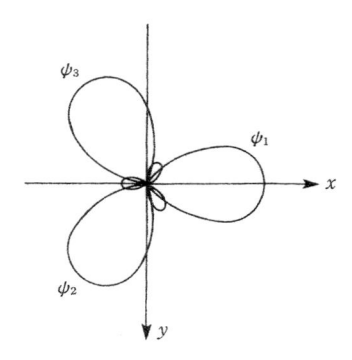

図 4・12 sp² 混成軌道の方向

きのように直観的には読み取れないが，各p軌道をベクトル的に考えればよい．ψ_1 は p_x 軌道のみを含んでいるので x 軸方向を，また ψ_2 では p 軌道の x 軸，y 軸方向成分を $-\sqrt{1/6}$, $+\sqrt{1/2}$ として，x 軸とのなす角を θ とすると $\tan\theta = \sqrt{1/2}/(-\sqrt{1/6})$ より $\theta = 120°$，同様に ψ_3 は図 4・12 の方向にあることがわかる．また，各原子軌道関数の係数の二乗が，その原子軌道の混成軌道中に占める割合であるから，いずれの軌道も s 軌道および p 軌道成分の比は，すべて 1:2 である．

このような混成軌道によって C—C σ 結合と，二つの C—H σ 結合がつくられる．さらに，炭素上の残りの $2p_z$ 軌道どうしで π 結合をつくり，C=C の二重結合がつくられる（図 4・13）．

ベンゼン分子 C_6H_6 では，6個の炭素が正六角形を形成しているが，各炭素は

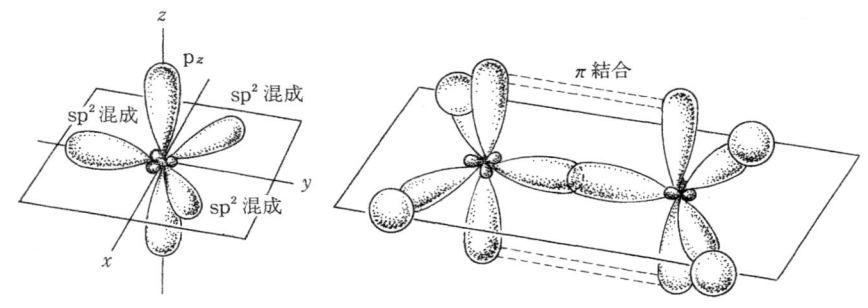

図 4・13 エチレン分子の結合

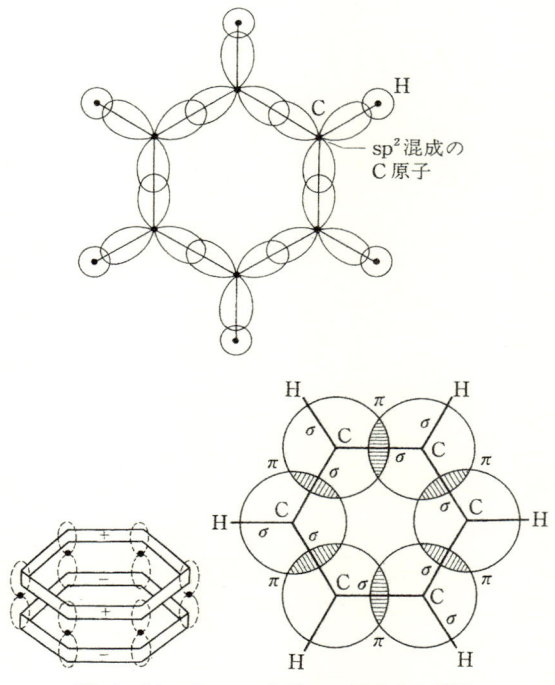

図 4・14 ベンゼン分子の σ 結合と π 結合

sp² 混成軌道により隣り合った 2 個の炭素と 1 個の水素原子とで σ 結合をつくり、混成に加わらない残りの炭素上の $2p_z$ 軌道が、隣り合った炭素上の $2p_z$ 軌道と π 結合をつくっている。この π 結合は、図 4・14 に示すように分子全体に非局在化しているもので、一つおきの C—C 結合に二重結合の形で示されるような局在化したものではない。

メタン分子 CH_4 の場合には、次のような混成軌道を考える。

$$\begin{aligned}
\psi_1 &= (1/2)(\phi_s + \phi_{p_x} + \phi_{p_y} + \phi_{p_z}) \\
\psi_2 &= (1/2)(\phi_s + \phi_{p_x} - \phi_{p_y} - \phi_{p_z}) \\
\psi_3 &= (1/2)(\phi_s - \phi_{p_x} + \phi_{p_y} - \phi_{p_z}) \\
\psi_4 &= (1/2)(\phi_s - \phi_{p_x} - \phi_{p_y} + \phi_{p_z})
\end{aligned} \quad (4\cdot 40)$$

これらは sp³ 混成軌道とよばれる。式 (4・40) の各関数は、sp² 混成の場合と

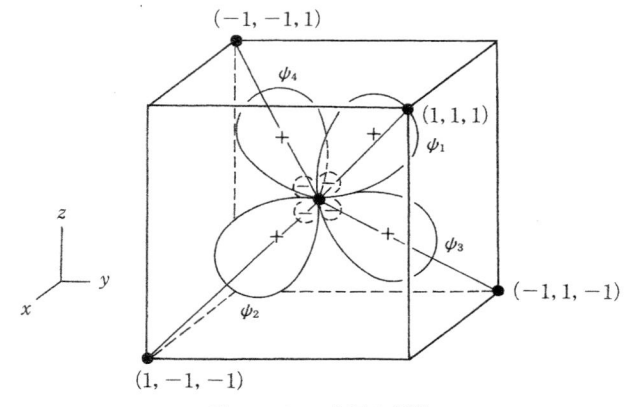

図 4・15　sp³ 混成軌道

　同じように，p軌道をベクトル的に考えると，各軌道は図4・15の(1,1,1)，(1, -1, -1)，(-1, 1, -1)，(-1, -1, 1)方向に軌道の広がりをもつこと，いい換えると正四面体の中心から四隅の方向へ向かう軌道の広がりをもっていることがわかる．H—C—Hの結合角は109°28′である．いずれの軌道もs軌道とp軌道成分の割合は同じ1：3で，等価なC—H結合を形成し，先に述べたメタンの正四面体構造をよく説明する．

　以上のような混成の概念を用いると，はじめに述べた水分子やアンモニア分子は sp³ 混成に近い状態にあるとみることができる．

4・7　共役二重結合系の分子軌道法

　ベンゼンやナフタレンあるいはブタジエンなどのように，構造式で書いたときに，二重結合が一つおきに書かれるような構造のものを共役二重結合系とよんでいる．共役二重結合を構成する π 結合は，分子の安定性，反応，あるいは物理的・化学的・分光学的性質に深くかかわっている．4・3節で，分子軌道の概念が結合の問題や電子状態を考えるのにきわめて有効であることを述べたが，共役二重結合系に対しても分子軌道法が応用され，多くの興味ある知見が得られてきた．本節では，簡単な系について分子軌道法の応用を解説し，共役

図 4・16 ブタジエン分子

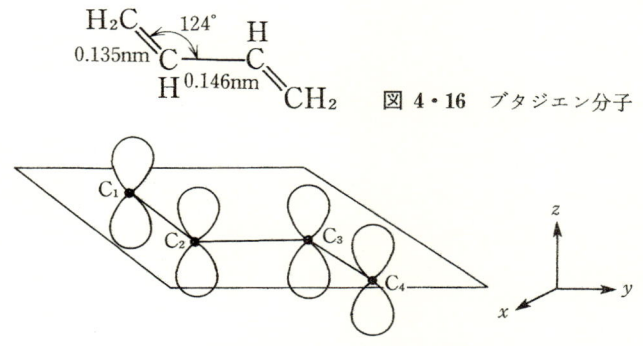

図 4・17 ブタジエン分子の π 軌道

二重結合の問題を考えてみよう．

例としてブタジエン分子をとりあげる．図 4・16 に示すように，ブタジエンの 4 個の炭素原子はすべて同一平面上にある．C=C—C 結合角が 120° に近く平面構造であることを考えると，炭素原子は sp² 混成軌道により C—C, C—H の σ 結合を形成していると考えてよいであろう．残りの分子面に垂直にのびる 2p$_z$ 軌道が π 結合を形成する（図 4・17）．ここで，C_1—C_2, C_3—C_4 の結合距離は通常の二重結合の 0.134 nm よりやや長く，C_2—C_3 結合は，通常の一重結合の 0.154 nm よりも短いことに注目すると，2p$_z$ 軌道どうしの重なりは隣り合うすべての原子間にあり，π 結合を構成する電子（これを π 電子とよぶ）は C_1—C_2, C_3—C_4 上に局在するのではなく，四つの原子上に非局在化していると考えられる．また，σ 結合は分子面内，すなわち π 結合の節面内にあるので，π 結合系との直接の重なりはなく，電子間の相互作用を取り入れない近似では，π 結合を σ 結合から切り離して考えてよいであろう．

以上のことを考慮して，ブタジエンの π 軌道を各炭素原子の 2p$_z$ 軌道関数 $\phi_1, \phi_2, \cdots, \phi_4$ の線形結合で表すと，次式のようになる．

$$\psi = C_1\phi_1 + C_2\phi_2 + C_3\phi_3 + C_4\phi_4 \qquad (4 \cdot 41)$$

ここで，$C_1 \sim C_4$ は定数である．このような分子軌道に対するエネルギーは，4・1 節にもでてきた式 (4・8)

$$E = \int \psi^* \hat{\mathcal{H}} \psi \mathrm{d}\tau \Big/ \int \psi^* \psi \mathrm{d}\tau$$

で求められる．波動関数中の C_i を決め，エネルギーを求めるために，変分法 (variation method) とよばれる近似法が用いられる．この近似法は，試行関数において最低エネルギーを与える波動関数が真の波動関数にもっとも近い波動関数である，という原理に基づいている．そこで，C_i を変数として，最低のエネルギーを与える C_i を求めることになる．また，このようなエネルギーがこの分子軌道法での最良のエネルギー値でもある．

計算の詳細は巻末付録に譲ることにして，Hückel 近似とよばれる近似法により求められる波動関数とエネルギー値を表 4・3 に示す．図 4・18 はこれらを模式的に示したものである．四つの $2\mathrm{p}_z$ 軌道関数の線形結合により，四つの分子軌道関数とそのエネルギーが求められている．

表 4・3 ブタジエン π 軌道の波動関数とエネルギー

波　動　関　数	エネルギー
$\psi_1 = 0.3717\,\phi_1 + 0.6015\,\phi_2 + 0.6015\,\phi_3 + 0.3717\,\phi_4$	$E_1 = \alpha + 1.618\,\beta$
$\psi_2 = 0.6015\,\phi_1 + 0.3717\,\phi_2 - 0.3717\,\phi_3 - 0.6015\,\phi_4$	$E_2 = \alpha + 0.618\,\beta$
$\psi_3 = 0.6015\,\phi_1 - 0.3717\,\phi_2 - 0.3717\,\phi_3 + 0.6015\,\phi_4$	$E_3 = \alpha - 0.618\,\beta$
$\psi_4 = 0.3717\,\phi_1 - 0.6015\,\phi_2 + 0.6015\,\phi_3 - 0.3717\,\phi_4$	$E_4 = \alpha - 1.618\,\beta$

注） Hückel 分子軌道法による計算

表 4・3 のエネルギー値のなかにでてくる記号 α および β は，次の積分

$$\alpha = \int \phi_i \hat{\mathcal{H}} \phi_i \mathrm{d}\tau \tag{4・42}$$

$$\beta = \int \phi_i \hat{\mathcal{H}} \phi_j \mathrm{d}\tau \quad (i\,と\,j\,は隣り合った原子の組) \tag{4・43}$$

で，クーロン積分 (Coulomb integral)，および交換積分 (exchange integral) とよばれる．この近似法では計算の過程ででてくる式 (4・42)，(4・43) の型の積分を直接計算で求めることをせず，パラメーターとして扱う．ここで β は負の値をもつので，ψ_1 がもっとも安定な軌道である．基底状態では四つの π 電子が ψ_1 と ψ_2 に入るので，π 電子系の全エネルギーは

$$2(\alpha + 1.618\beta) + 2(\alpha + 0.618\beta) = 4\alpha + 4.472\beta \tag{4・44}$$

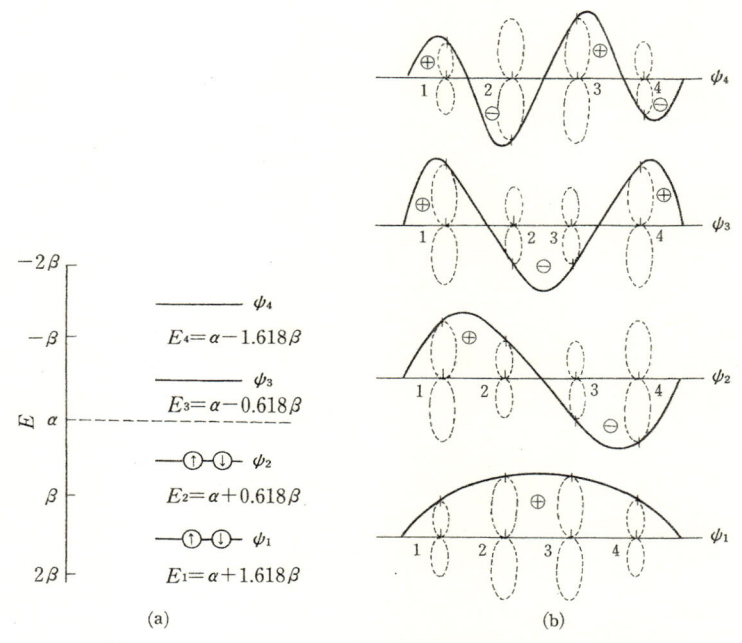

図 4・18　ブタジエンのエネルギー準位(a)と分子軌道(b)

のように表せる．ここで，積分 α は積分表現からもわかるように，1個の π 電子が i 番目の炭素原子に属するとみなした場合のエネルギーに相当する．そこで，4.472β が π 電子による結合エネルギーになる．いま，π 電子が C_1―C_2，C_3―C_4 結合に局在すると仮定してみよう．同じようにして求められた1個の二重結合に対する π 電子エネルギーは $2\alpha+2\beta$ で，2個では $4\alpha+4\beta$ となる．したがって，ブタジエンの全 π 電子エネルギーとの差 0.472β が，π 電子が分子内に非局在化したための安定化エネルギーとみることができ，これを非局在化エネルギー (delocalization energy) とよんでいる．二重結合がさらにのびたヘキサトリエンでは，この非局在化エネルギーの計算値は 0.99β，ベンゼン，ナフタレンではそれぞれ 2.00β, 3.65β である．また，図 4・18 から，ψ_1 と ψ_2 が結合性軌道，ψ_3 と ψ_4 は反結合性軌道であることがわかる．

　次に，電子の分布について考えてみよう．分子軌道のなかで，係数 C_i の二

乗したものが，その分子軌道のなかで電子が原子軌道関数 ϕ_i を占める確率に相当する．そこで i 番目の炭素上の π 電子密度は次式によって求められる．

$$q_i = \sum_j n_j C_{ji}^2 \qquad (4 \cdot 45)$$

ここで，n_j は j 番目の分子軌道を占める電子の数である．表 4・3 に示した波動関数を用い，式 (4・45) により q_1 を求めると

$$q_1 = (0.3717)^2 \times 2 + (0.6015)^2 \times 2 = 1.0000$$

となる．同様にして $q_1 = q_2 = q_3 = q_4 = 1$ が得られる．すべての炭素上で π 電子密度は 1 に等しい．

各炭素–炭素間の結合の強さはどうであろうか．結合の強さは，原子軌道関数の重なりに密接に関連する．図 4・4，図 4・5 に示したように，同じ符号関係での重なりは，結合性相互作用をもたらすが，異符号の軌道の間では反結合性相互作用となる．このような相互作用は，原子軌道上の電子分布が大きければ大きいほど大きくなるので，各分子軌道について炭素–炭素間の原子軌道の重なりの情況を調べ，電子の入っている分子軌道について加え合わせると，各炭素間の結合の強さを知ることができる．このような結合の強さを表すパラメーターに，結合次数（bond order）とよばれるものがあり，次式のように定義される．

$$p_{l,m} = \sum_j n_j C_{jl} C_{jm} \qquad (4 \cdot 46)$$

n_j は先と同様に j 番目の分子軌道に入っている電子の数である．実際に計算を実行すると

$$p_{12} = 2 \times 0.3717 \times 0.6015 + 2 \times 0.6015 \times 0.3717 = 0.8943$$
$$p_{23} = 2 \times 0.6015 \times 0.6015 + 2 \times 0.3717 \times (-0.3717) = 0.4473$$
$$p_{34} = 2 \times 0.6015 \times 0.3717 + 2 \times (-0.3717) \times (-0.6015) = 0.8943$$

σ 結合についての結合次数は 1 であるので，σ 結合を含めた全結合次数 P_{lm} は

$$P_{lm} = 1 + p_{lm} \qquad (4 \cdot 47)$$

となる．そこで $P_{12} = P_{34} = 1.8943$，$P_{23} = 1.4473$ が求まる．結合次数は通常単結合で 1，二重結合で 2，三重結合で 3 なので，求められた結合次数の値は，C_1—C_2,

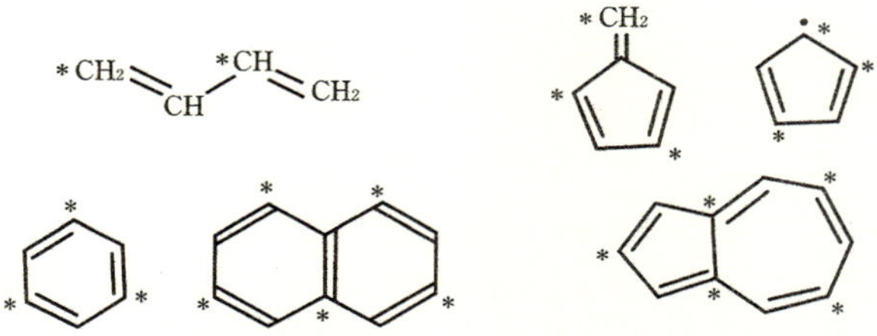

4・7 共役二重結合系の分子軌道法　　85

(a) 交互炭化水素　　　　(b) 非交互炭化水素

図 4・19 交互炭化水素と非交互炭化水素の例

C_3—C_4 の結合は二重結合より多少単結合的で，C_2—C_3 結合には二重結合性が含まれることを意味する．このことは，先に述べた C_1—C_2 と C_3—C_4 の結合距離が平均的二重結合の長さより長く，C_2—C_3 では単結合より短くなっていることとよく対応する．

なお，分子軌道のなかで，原子軌道間の反結合的相互作用につながる波動関数の隣り合った位置で符号の変わる節は，軌道のエネルギー準位が高くなるとともに，すなわち $\psi_2 \to \psi_3 \to \psi_4$ になるとともに，その数が一つずつふえることに注意しよう．

先に，ブタジエンの炭素上の π 電子密度がすべて 1 になることを示した．ブタジエンやベンゼン，ナフタリンなど共役系をもつ炭化水素で，炭素に一つおきに * 印をつけ，隣り合う * 印がないようにマークが組み立てられるものを交互炭化水素（alternant hydrocarbon）とよぶ．これに対しフルベンやアズレンなどでは図 4・19(b) に示すように，一つおきに都合よく * 印をつけていくことは不可能である．このような炭化水素を非交互炭化水素（non-alternant hydrocarbon）とよんでいる．交互炭化水素では，ブタジエンの例で示したように，すべての炭素上の π 電子密度は等しくなるが，非交互炭化水素では電荷は均一に分布しない．交互炭化水素の分子軌道関数と軌道エネルギー準位には共通の興味ある一般的性質があり，これを知ると有機化合物の量子化学的性質を理解するのに有効であるが，その詳細については専門書を参考にされたい．

先に示した電子密度分布，結合次数などのパラメーターはいずれも分子の性質，反応にかかわるものであるが，これに対し福井謙一と R. B. Woodward，

R. Hoffmann らはフロンティア軌道理論または HOMO–LUMO 理論とよばれる反応理論をつくりあげた．福井らは，反応に強くかかわりをもつのは，電子の満ちた分子軌道のうちエネルギーのもっとも高い軌道［HOMO (highest occupied MO)，ブタジエンでは ψ_2］，また電子を受け入れることのできる最低の軌道［LUMO (lowest unoccupied MO)，ブタジエンでは ψ_3］であるとして，これらの軌道の状態に着目した理論を展開し，1981 年に福井，Hoffmann の二人はノーベル化学賞を受賞した．

4・8　d 軌道電子の結合

周期表で原子番号 21 のスカンジウムから 29 の銅までの 9 個の元素を第一遷移元素 (transition element) とよんでいる．これらの元素は，中性原子でもイオンでも不完全に電子の詰まった d 軌道をもっている．このほか，4 d および 5 d 軌道が部分的に満たされた第二遷移元素，第三遷移元素とよばれる一群の元素もあるが，このような不完全に電子の詰まった d 軌道をもつ元素は，これまでに述べてきた結合とは非常に異なった特徴のある結合をつくる．その一つに配位結合 (coordination bond) がある．たとえば，NH_3 分子の窒素上には水素原子との結合に関与しない電子 2 個が対になって一つの軌道に入っている．これを非共有電子対 (unshared electron pair) または孤立電子対 (lone pair) とよぶが，形式的にはこの非共有電子対が，遷移金属イオン最外殻の空いている軌道あるいは不完全に詰まった軌道に電子を供与して結合を形成する．これを配位結合といい，配位結合によって金属に結合している原子または原子団を配位子 (ligand) とよぶ．このような非共有電子対が結合に関与している化合

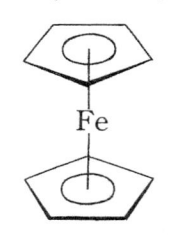

図 4・20　フェロセン分子

物のほかに，配位という概念からはみ出した結合様式をもつ金属化合物が数多く知られるようになってきた．たとえば，シクロペンタジエナトイオン $C_5H_5^-$ は Fe^{2+} イオンとサンドイッチ型のフェロセンとよばれる化合物をつくるが，$C_5H_5^-$ イオンの五つの炭素原子はすべて等価に Fe^{2+} との結合に関与している（図4・20）．シクロペンタジエナトイオンには非共有電子対はない．先に述べたタイプの化合物を配位説の提唱者の名をとってウェルナー型錯体，配位結合からはみ出た結合様式をもつ化合物を非ウェルナー型錯体とよんでいる．本節ではまず配位結合について考えてみよう．

配位結合に関して，配位子場理論（ligand field theory）という考え方がある．その詳細を説明するのはむずかしいので，ここでは簡単な系を例として，基本的な考え方のみを示そう．まず，結晶場理論（crystal field theory）について考えてみる．というのは，配位子場理論は結晶場理論を拡張したものであるからである．結晶場理論では，中心金属イオンは基本的にイオンの状態にあると考え，これに配位子からの負電荷が加わることにより，金属イオンのd軌道準位がどのように変わるかを考える．

正八面体型錯体を例にとって考えてみよう．$[Co(NH_3)_6]^{3+}$ 塩などがこれに属する．金属イオンが正八面体の中心にあり，その頂点方向から6個の同じ配位子が，非共有電子対を金属イオンのほうに向ける形で接近すると考えよう．金属イオンの陽電荷と非共有電子対の間の静電相互作用は引力的に作用し，全系のエネルギーは低下する．このエネルギー低下は錯体形成の大きな原動力であるが，それと同時に，金属イオンのd軌道準位が変化する．自由な金属イオンの状態では，すべてのd軌道はエネルギーが等しく縮重している．しかし，正八面体六配位錯体ではd軌道準位は二つに分裂する．一つの組は $d_{x^2-y^2}$ と d_{z^2} で，これらの軌道では電子雲が配位子のほうを向いているので，電子間反発によりエネルギー準位は上昇する．この二つの軌道を e_g 軌道とよぶ．もう一つの組は，d_{xy}, d_{yz}, d_{xz} の三つの軌道で，いずれもそれぞれの電子雲は配位子の中間方向を向いているので，e_g 軌道よりもエネルギーは低くなる．これを t_{2g} 軌道とよんでいる．図4・21に，このような配位子によるd軌道準位の動きを示す．e_g 軌道と t_{2g} 軌道の間隔を $\varDelta$ または $10Dq$ で表すが，この $\varDelta$ の大きさ

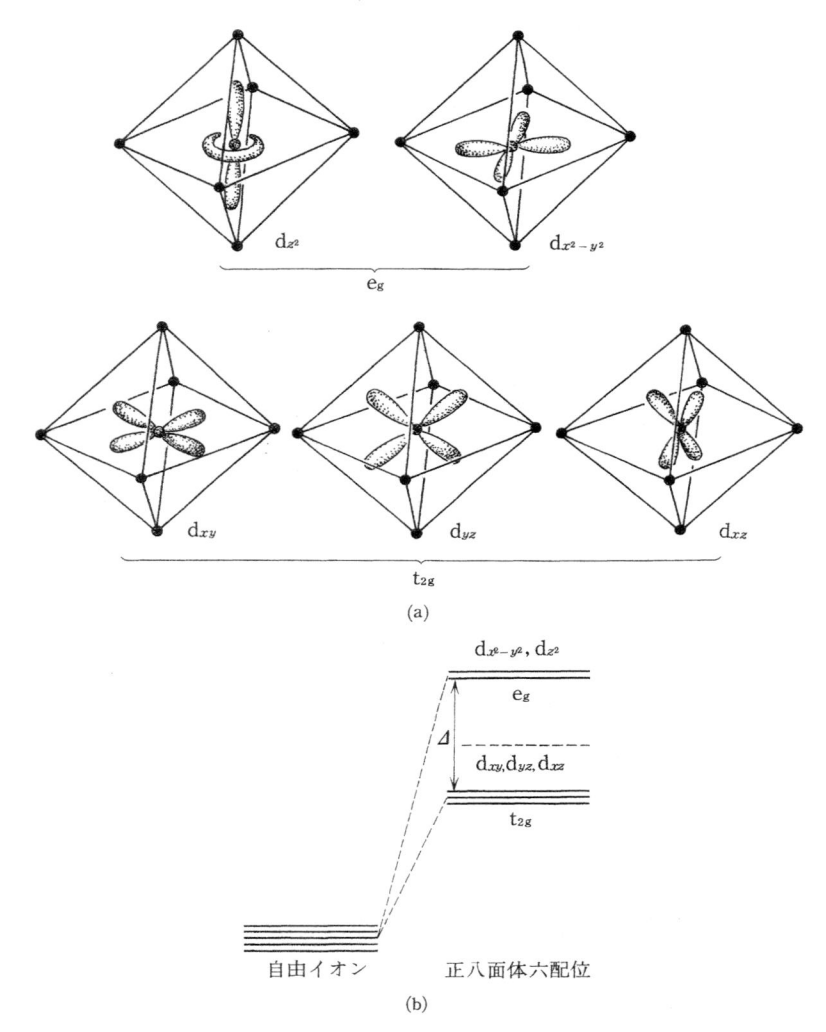

図 4・21 正八面体の環境における d 軌道の分類 (a) とエネルギー分裂 (b)

は，強い電場を与える配位子と結合した場合ほど大きくなる．

d 電子を 1 個含む金属イオン，たとえば Ti^{3+} が正八面体の中心に置かれたときには，電子はエネルギーの低い t_{2g} 軌道に入る．Cr^{3+} のように d 電子が 3 個

4・8 d軌道電子の結合　89

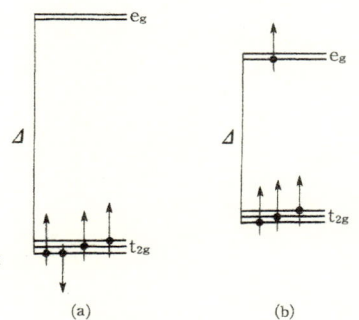

図 4・22　d 電子 4 個をもつ系の低スピン錯体 (a) と高スピン錯体 (b) の形成

の金属イオンの場合には，電子は Hund の規則にならって t_{2g} 軌道の異なる軌道に 1 個ずつ入っていく．d 電子が 4 個になると次のようなことが問題となる．すなわち，Δ が大きい場合には，4 番目の電子は，t_{2g} 軌道のいずれかの軌道に入る．しかし，Δ が小さい場合には，同じ軌道に電子が詰まって電子間反発のエネルギーにより不安定化するよりも，図 4・22(b) に示すように，e_g 軌道に 4 番目の電子を入れたほうが安定になる．前者を低スピン状態 (low spin state)，後者を高スピン状態 (high spin state) という．d 電子 5 個の $[Fe^{III}(H_2O)_6]^{3+}$ は高スピン状態に，$[Fe^{III}(CN)_6]^{3-}$ は低スピン状態にある．これは，H_2O よりも CN^- の与える結晶場(静電的効果)が強いためである．高スピン錯体か，低スピン錯体であるかは磁性の測定から容易にわかる．というのは，不対電子は一つの小さな磁石のような振る舞いをするため，不対電子の数によって磁気的性質が顕著に変わるからである．

以上の結晶場理論に基づく議論では，中心イオンに対する周囲の配位子からの結晶場，すなわち静電的効果のみを考えてきた．錯体の分光学的性質あるいは磁性に関する性質は，このようなモデルでも定性的には説明できるが，しかし前節までの議論でも明らかなように，軌道の重なりがある限り，分子軌道的相互作用を無視できない．e_g 軌道のように，配位原子の方向に向いている軌道は，金属イオンの方向を向いた非共有電子対軌道と σ 結合的相互作用をもつはずである．また，金属イオンの s 軌道や，配位原子のほうを向いた p 軌道も同じように配位子の非共有電子対軌道と相互作用をもち，分子軌道形成に関与できる．図 4・23 は，正八面体六配位錯体における分子軌道の形成を模式的に示

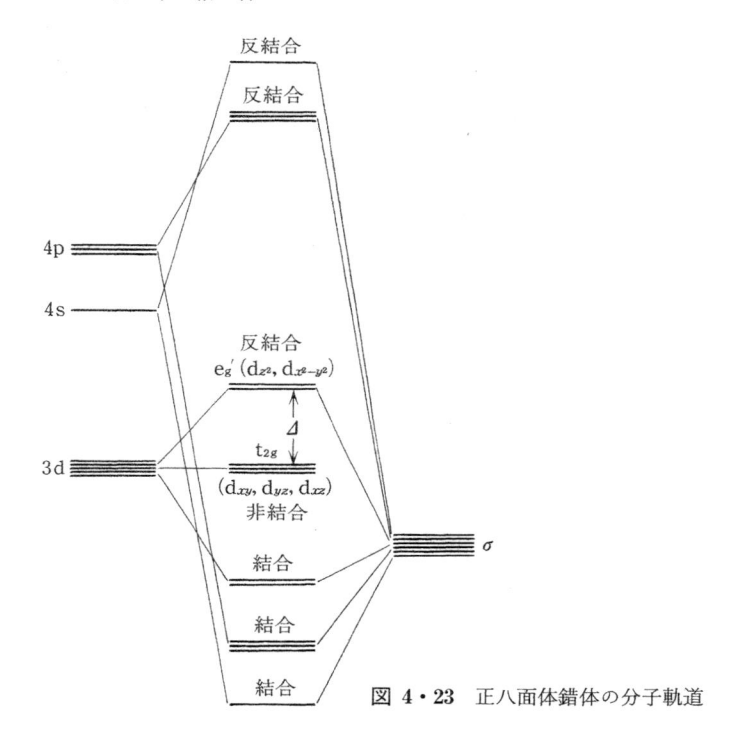

図 4・23 正八面体錯体の分子軌道

したものである．金属の 3s, 3p 軌道は電子がすべて 2 個入っているので，配位子の非共有電子対と結合に寄与するような相互作用は生じない．分子軌道法の立場でのより詳しい議論は本書の範囲をこえるのでこれ以上述べないが，結晶場の効果に分子軌道の効果を加味した理論を配位子場理論とよんでいる．

次に，非ウェルナー型錯体について，一つの例をとおして結合の問題を考えてみよう．ツァイゼ塩とよばれる $K[PtCl_3(C_2H_4)]$ は，図 4・24 に示すような構造をもっている．ツァイゼ塩が興味深いのは，エチレンの C=C 軸が，中心

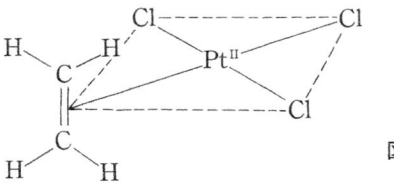

図 4・24 ツァイゼ塩 $K[PtCl_3(C_2H_4)]$ の構造

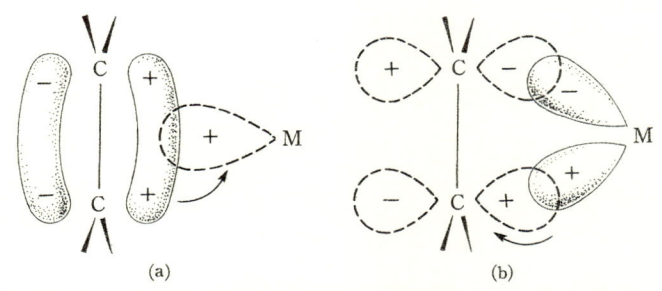

図 4・25 満たされた結合性エチレン π 軌道と空いた金属 d 軌道との間の分子軌道形成(a)と，満たされた金属 d 軌道と空いたエチレン π^* 軌道との間の分子軌道形成(b)

金属からの結合方向と垂直になっていること，および白金とエチレンとの結合がエチレンの特定の炭素との結合ではなく，炭素-炭素の中心が，他の三つの Cl^- イオンとともに平面四角形の頂点を占める形をとっていて，エチレン分子ときわめて安定に結ばれていることである．また，結合に伴って，C=C 結合は 0.1375 nm と，通常のエチレンの C=C 結合の 0.1339 nm と比べて長くなっている．

エチレン分子には，アンモニア分子のような非共有電子対はない．しかし，白金との結合にさいし，上で述べたような構造をとることにより，エチレンの満たされた π 軌道と，白金の電子の入っていない $d_{x^2-y^2}$ 軌道とで σ 結合的分子軌道を形成し，結合性軌道に電子が入ることになる．さらに，白金の電子の入っている d_{xz} 軌道がエチレンの空いた反結合性 π 軌道と，π 型分子軌道を形成し，その結合性軌道に電子が入ることになる(図 4・25)．これらの分子軌道の形成において，一方の原子軌道は空いていた軌道であるから，前者の σ 型結合では，結果的にはエチレンから白金への電子の供与が生じたことになる．これは先に述べた配位結合と同種のものとみてよい．しかし，この錯体ではさらに，π 結合をとおして，白金からエチレンへの電子の逆供与も起こっている．このように，非ウェルナー型錯体では，配位子から金属イオンの空の d 軌道への電子の供与と，満ちている金属イオンの d 軌道から配位子の空いている軌道への逆供与を伴う結合性分子軌道の形成が，結合に大きな寄与をもつ場合が多い．

問　題

4・1 原子価結合法（Heitler-London法）と分子軌道法で求めた水素分子の波動関数を比較し，その違いについて考察せよ（軌道部分の波動関数のみを比較することでよい）．

4・2 (a) 二原子分子 $Li_2, Be_2, B_2, C_2, F_2, Ne_2$ の電子配置について示し，これら分子の結合について，N_2, O_2 について説明したことを参考にして解説せよ．
(b) CN, CO, NO 分子における分子軌道の配置が図4・7(b)のようであるとして，基底状態から電子を1個を加えてアニオンとしたとき，および電子を1個取り去ってカチオンとしたときに結合の強さがどのように変わるかを予測せよ．

4・3 アンモニアから電子の1個とれた NH_3^+ 分子，メタンから水素原子が1個とれた CH_3 分子は平面三角形構造をもつ．また BeH_2 分子は直線分子である．これらの分子の結合について混成軌道をもとに解説せよ．

4・4 電気陰性度（表4・1）は周期表の右上ほど大きく，左下ほど小さい．これをどのように理解したらよいか．

4・5 LiH 分子の結合距離は 0.1595 nm である．
(a) LiH が純粋なイオン結合でつくられているとした場合の双極子モーメントを予測せよ．
(b) LiH の実測の双極子モーメントは 5.882 D である．(a)の結果と比較して結合のイオン性を求めよ．

4・6 アリルラジカル $(CH_2=CH-CH_2)\cdot$ の π 分子軌道を，付録のブタジエンに対して示した方法にならって Hückel 近似法で計算し，分子軌道関数およびエネルギー値を求めよ．また得られた軌道関数を用いて，基底状態における各炭素原子の全 π 電子密度（q_i），各炭素-炭素結合の結合次数（P_{lm}）を求めよ．

4・7 次の場合それぞれの各炭素上の電子密度，各結合の結合次数はいくらか．
(a) ブタジエンに電子が1個付加してできたブタジエンアニオン．
(b) ブタジエンから電子が1個とれ，ブタジエンカチオンとなった場合．

4・8 磁気的測定により $Co(NH_3)_6^{3+}$ イオンは不対電子を含まないが，CoF_6^{3-} イオンには4個の不対電子を含むことが知られている．結晶場理論の立場からこのことを考察せよ．

5

分子間に働く力

　いままでの章では，原子間の相互作用により，分子を形成する過程を述べた．分子が集合して物質を構成する．この場合，分子の間にはいくつかの異なるタイプの相互作用が働く．分子の運動エネルギーと分子間相互作用のエネルギーとの相対的な大きさの関係により，物質は気体になったり液体になったり，あるいは分子の間に一定の秩序のある配列をしている結晶を形成したりする．時計の文字表示板をはじめ，テレビの表示板など，種々の表示装置に用いられている液晶は，液体に近い流動性をもちながら，分子はある秩序をもって配列している．ある種の高分子は，溶液中で数十個あるいはそれ以上の分子が集合し，ミセルとよばれる親液性の集合体をつくる．セッケンや洗浄剤などの濁りはこのミセル生成の結果である．また，包接化合物とよばれる系では，ある種の分子の構造的隙間，あるいは結晶内の分子間の隙間など，いわば"かご"のような空間に，ほかの分子やイオンが捕えられた形の化合物を形成している．これらはホスト-ゲストの関係とよばれ，特定の分子やイオンを認識し，これらを取り込むことによる分離操作への利用，特異な反応の場を提供する触媒反応への利用など，いろいろな興味ある応用が考えられる系でもある．さて本章では，このような分子の間に働く基本的な相互作用にはどのようなものがあるのか，それらの性質について考えてみよう．

5・1 電気双極子-双極子相互作用

4・5節で,原子が電子を引きつける力,すなわち電気陰性度は個々の原子によって異なり,そのため異なる原子が結合して二原子分子ができる場合は,電荷の分布は原子間で一様にならないで電気双極子モーメントをもつことを述べた.2個以上の原子からなる多原子分子の場合にも,対称性の高い構造をもつ分子以外には,分子全体として電荷の偏りによる電気双極子モーメントをもつ.たとえば,CO_2 や CS_2 分子は O—C—O,S—C—S の直線構造をもつため電気双極子モーメントをもたないが,三角すい構造をもつ NH_3 や NF_3 分子は電気双極子モーメントをもつ.また,分子はこのような電気双極子モーメントのほか,電場の中に置かれたときに,分子の中で電子雲がプラス極の側に引っぱられ,分子全体として新たな電荷分布の偏り,すなわち電気双極子モーメントが誘起される.これを誘起双極子モーメント (induced dipole moment) とよぶ.また,先の双極子モーメントを誘起双極子モーメントと区別して,永久双極子モーメント (permanent dipole moment) とよぶこともある.この誘起双極子モーメント μ_{ind} は,電場 E が比較的弱い場合には加えた電場に比例する.すなわち

$$\mu_{\mathrm{ind}} = \alpha E \tag{5・1}$$

ここで,α は比例定数で分極率 (polarizability) とよばれる.α は SI 単位系で $C^2 m^2 J^{-1}$ の単位をもつが,これを真空中の誘電率で割った $\alpha' = \alpha/4\pi\varepsilon_0$ の値は体積 m^3 の次元となり,分子全体の電子分布の広がりの目安ともなるので,α' 値で示されることが多い.

さてここで,双極子モーメントをもつ有極性分子が互いに近づくと,それらの双極子の間に相互作用が生じて両分子間に力が働く.その力の大きさは,分子間の相対的な配向(位置や向きの関係)に著しく依存する.同じ負電荷をもつ部分どうしが近づけば反発力となるし,負の部分と正の部分が近づけば引力が生ずる(図5・1).各分子は運動しており,互いの位置や向きの関係は場所により異なり,また時間によっても変動しているが,分子は互いに安定な配向

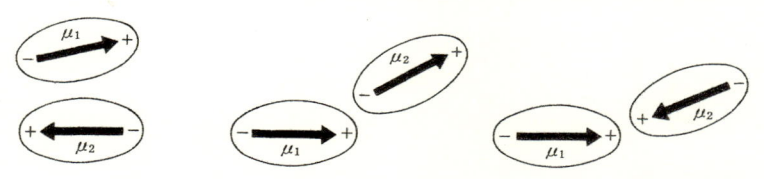

(a) 引力を及ぼし合う相互作用　　**(b) 反発力が働く相互作用**

図 5・1 双極子モーメントをもつ分子間の相互作用

をとろうとする傾向があり，空間と時間についての平均をとれば，エネルギーは双極子間の相互作用で安定化する．その安定化の大きさは，分子を互いにばらばらにしようとする熱運動のエネルギーとのかね合いにより決まる．分子間の相互作用のエネルギーが運動のエネルギー kT よりはるかに小さいという条件のもとでは，μ_1, μ_2 の永久双極子モーメントをもつ2個の分子の相互作用の平均エネルギーは次式のように表される．

$$V(r) = -\frac{2}{3}\frac{\mu_1^2\mu_2^2}{(4\pi\varepsilon_0)^2}\frac{1}{r^6}\frac{1}{kT} \qquad (5\cdot2)$$

ここで，μ を 1.0 D とし（これはたとえば塩化水素分子の双極子モーメント 1.11 D，硫化水素の双極子モーメント 0.98 D に相当する），分子間の距離 r を 0.3 nm とすると，この相互作用エネルギーは，300 K でほぼ $-1.3\,\mathrm{kJ\,mol^{-1}}$ となる．しかし，次節でも述べるように，極性分子が 0.3 nm しか離れていないときには，分子間に働く力は単にここで述べた永久双極子-双極子相互作用だけではなく，ほかの力も加わることになることに注意しておこう．

5・2 双極子-誘起双極子相互作用，誘起双極子-誘起双極子相互作用

　双極子モーメントをもつ有極性分子がほかの分子に接近すると，その分子を分極させる（図 5・2）．この第二の分子は有極性分子であっても無極性分子であってもよい．この誘起されて生じた誘起双極子は，最初の極性分子と相互作用をもつことになる．この相互作用の大きさは，最初の極性分子の双極子モーメントと，第二の分子の分極率の大きさで決まる．誘起双極子の方向は第一の

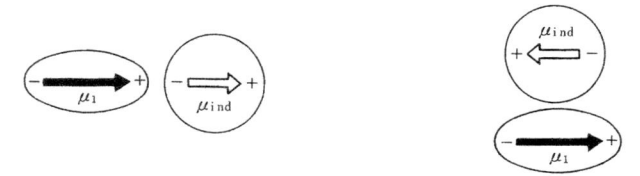

図 5・2 双極子モーメント（黒い矢印）をもつ分子は，近くにある分子に双極子モーメントを誘起させる（白い矢印）

有極性分子の方向によって決まるので，平均的相互作用の大きさは，式 (5・2) とは異なり温度には影響されない．平均的相互作用エネルギーの大きさは，第二の分子の分極率を $\alpha_2' = \alpha/4\pi\varepsilon_0$ とおくと次式で与えられる．

$$V(r) = -2(\mu_1^2/4\pi\varepsilon_0)(\alpha_2'/r^6) \tag{5・3}$$

前節と同じように，第一の極性分子の双極子モーメントの大きさを 1.0 D，α' についてはメチルアルコール分子の 3.23×10^{-30} m^3，r を 0.3 nm とすると，相互作用の大きさは -0.51 kJ mol^{-1} となる．ベンゼンでは α' の値は 10.32×10^{-30} m^3 なので，相互作用の大きさは -1.6 kJ mol^{-1} となる．これは前節の永久双極子-双極子の相互作用に匹敵する大きさである．

一方，無極性分子で，永久双極子モーメントをもたない場合でも，分子内で電子が運動していることにより，瞬間，瞬間では電荷の偏りが生じ，瞬間的双極子 μ_1^* が生じる．また，このような双極子 μ_1^* は接近しているほかの分子に瞬間的な双極子 μ_2^* を生じさせる（図 5・3）．もちろん，第二の分子に生じた双極子も逆に第一の分子に双極子を誘起する原因となり得る．こうして生じた二つの双極子は互いに引力を及ぼし合う．分子の運動により互いの分子配向が変わっても，誘起されて生じた双極子の向きは第一の双極子に従うことになる．

瞬間的に生じた双極子モーメント（黒い矢印）は近くの分子に双極子モーメントを誘起し（白い矢印），両者の間に相互作用が働く

図 5・3 誘起双極子モーメント-誘起双極子モーメント間の相互作用

分子 A, B に生ずる双極子の大きさは，分極率 α_A, α_B に比例する．量子力学的計算によれば，分極率 α_A, α_B, イオン化エネルギー I_A, I_B をもつ二つの分子の間には近似的に次式のポテンシャルエネルギーが生ずる．ここでイオン化エネルギーが導入されるのは，分子の分極には種々の励起状態が関与するが，それらの励起エネルギーを厳密に取り込むことが困難なので，イオン化エネルギーを用いる近似がとられるためである．

$$V(r) = -\frac{3I_A I_B}{2(I_A+I_B)} \frac{\alpha_A' \alpha_B'}{r^6} \tag{5・4}$$

A, B が同種の分子なら

$$V(r) = -\frac{3}{4}\frac{I_A \alpha_A'^2}{r^6} \tag{5・5}$$

この式は London の式とよばれる．この式を使って 2 個のメタン分子に対する相互作用エネルギーの大きさを見積ると，$\alpha' = 2.60 \times 10^{-30}$ m^3，$I = 1207$ kJ mol^{-1} であるから $V = -6.1 \times 10^{-3}/r^6$ kJ mol^{-1} となる（r は nm 単位）．液体中での平均的分子間距離を $r = 0.3$ nm とすると，$V = -8.4$ kJ mol^{-1} となる．

このような誘起双極子の力を分散力 (dispersion force) とよんでいる．この分散力は分極可能な有極分子の間にも働く．そこで，分子間の引力的相互作用エネルギーは，永久双極子-双極子間相互作用エネルギー，永久双極子-誘起双極子間相互作用エネルギー，および分散力によるエネルギーの和で表される．これらの相互作用を van der Waals 相互作用とよぶ．いずれも分子間距離 r の 6 乗に逆比例しているので，分子間の引力のエネルギーを一般に次の形で表すこともできる．

$$V(r) = -C/r^6 \tag{5・6}$$

ここで，C は分子によって決まる定数である．

5・3 交換反発力と Lennard-Jones のポテンシャル

前節では，分子間に働く負のエネルギー，すなわち引力について述べたが，分子どうしあるいは原子が近づくときの反発力について考えてみよう．一つの

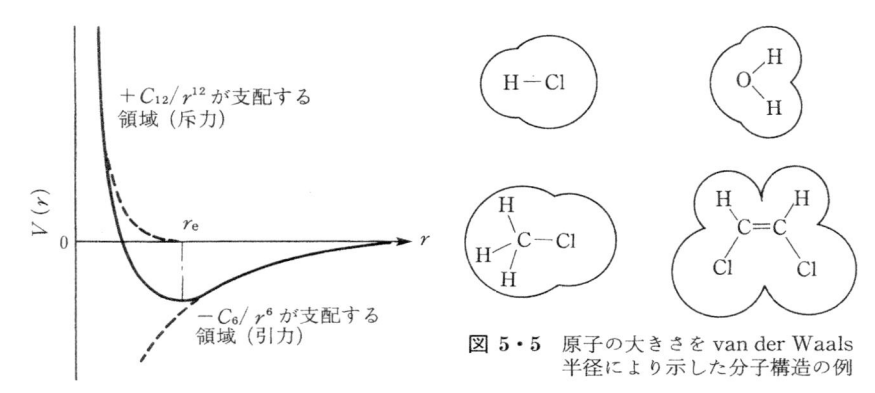

図 5・4 Lennard-Jones のポテンシャル $V(r)$

図 5・5 原子の大きさを van der Waals 半径により示した分子構造の例

軌道上に不対電子をもつ原子あるいは分子どうしが近づくと，不対電子が対をつくって化学結合をつくろうとする．しかし，このような不対電子がないときには，双方が接近すると原子核間および電子間の反発が引力に打ち勝つようになる．この力を交換反発力（exchange repulsion force）というが，この語は系のエネルギーを波動関数とハミルトニアンを用いて求めるとき，いわゆる交換項（exchange term）から生ずることに由来する呼称である．電子密度は原子核からの距離の関数で，核に近づくとともに増加するので，この交換反発力は原子間隔 r の減少とともに急激に増大する．J. E. Lennard-Jones はこの交換反発力を $C_n/r^n (9<n<12)$ の形で表し，5・1，5・2節で述べた分子間引力の項と合わせて，分子間に働くポテンシャルエネルギーを

$$V(r) = C_n/r^n - C_6/r^6 \tag{5・7}$$

によって表現した．この式は実際のポテンシャル曲線をよく近似する式として知られ，とくに $n=12$ の式は Lennard-Jones の (6, 12) ポテンシャルとして一般的に使われている．

上式で，r が小さいときには第一項の正の反発の項が第二項の負の項に打ち勝つが，r が大きくなるとともに第二項が支配的となる．両者を重ね合わせると，分子間に働くポテンシャル曲線となるが，このようすを図5・4に示す．ここで，r_e は分子が集まって結晶や液体になるときの分子-分子間の平均距離に

表 5・1　van der Waals 半径（単位：nm）

H 0.120	N 0.155	O 0.152	F 0.147
CH₃基 0.20	P 0.180	S 0.180	Cl 0.175
芳香族環の半分の厚さ 0.170	As 0.185	Se 0.190	Br 0.185
	Sb 0.22	Te 0.206	I 0.198

原子に対するデータは A. Bondi, *J. Phys. Chem.*, **68**, 441 (1964) から，ほかは L. Pauling, "The Nature of the Chemical Bond", 3 rd ed., Cornell University Press (1960) より．

相当する．これにより分子の大きさが決められるが，分子が互いにどの程度近づけるかをもとに，分子を構成する各原子に van der Waals 半径という考えを導入し，逆に分子の大きさ，形を考えることが行われている．原子の大きさを van der Waals 半径により示した分子構造の例を図 5・5 に，また代表的原子の van der Waals 半径を表 5・1 に示す．

　先にヘリウムなどの希ガス元素間には共有結合による分子の生成は起こらないことを述べた．しかしこれまで述べてきた van der Waals 力は会合の力として働く．共有結合に比べればそのエネルギーははるかに小さいが，極低温の気相中（分子ビーム中）で会合体の生成が知られている．一つの分子とみなせるような van der Waals 力で結ばれている分子・原子の集合体を van der Waals 分子とよんでいる．十分に低い温度では，ArH_2, Ar_2, He_{10} をはじめ種々の van der Waals 分子が見出されている．分子が van der Waals 力で結ばれて大きな結晶になったのが分子性結晶である（6・1 節参照）．

5・4 水 素 結 合

　酸素，窒素，ハロゲン原子などのように電気陰性度の大きい原子と結合している OH, NH, XH（X はハロゲン原子）の水素原子は，電子が水素から O, N, X などのほうに引き寄せられ，電子密度が小さくなった状態になっている．この

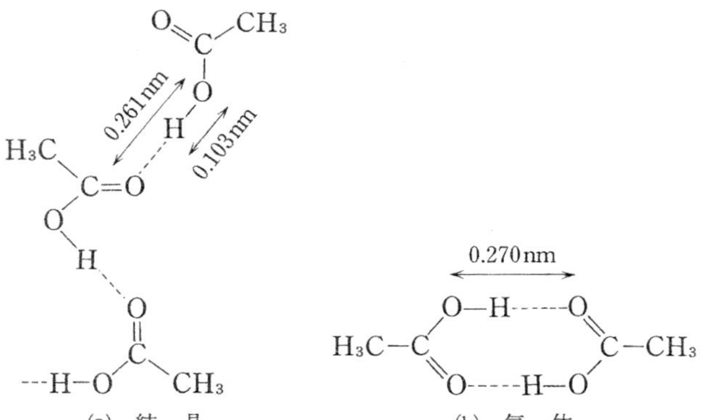

102 5 分子間に働く力

(a) 結晶   (b) 気体

図 5・6 酢酸の会合構造

ような水素原子は，非共有電子対をもつ原子，たとえば—NH$_2$, =N—の窒素，—C=O の酸素，—X(X はハロゲン原子)などの電子と電気的相互作用をもち弱い結合が生ずる．これを—O—H…O=C—などのように書き表し，水素結合(hydrogen bond)とよんでいる．水素結合の結合エネルギーは 20 kJ mol^{-1} 程度で，通常の共有結合の約 1/10 程度である．

水分子は氷の結晶中で図 1・1 (p.3) に示したような原子配置をとっており，1 個の分子あたり 2 個の水素結合が存在する．水は液体の状態でも互いに水素結合で相互作用をもつが，氷の結晶の硬さ，高い融点，水の大きな蒸発熱，高い沸点などは水素結合が関連している．また水への極性の大きな分子の溶解に水素結合が大きな寄与をもつ場合が少なくない．さらに，分子内に親水性(hydrophilic)の高い部分と疎水性(hydrophobic)の高い部分をあわせもつ両親媒性分子(amphiphilic molecule)は，水中で疎水性の高い部分どうしが会合したミセルなどの分子集合体をつくることが知られている．この場合，疎水性部分と水との相互作用はたかだか分散力によるもので，水分子どうしの水素結合を切断してまで，水分子の間に無極性の疎水性部分が均一に溶解分散する傾向はみせない．ミセルの形成には，水分子どうし，あるいは両親媒性分子の親水性部分と水との水素結合が大きな意味をもつ．

以上のほか，酢酸は結晶中で図 5・6 のような多量体構造をとり，また気体中

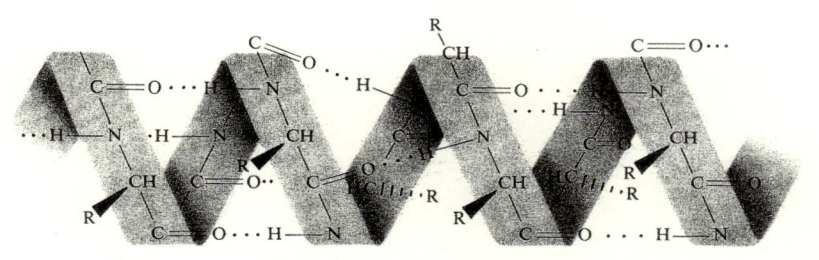

(a) α-ヘリックス構造（点線部分がC=OとNH間の水素結合）

(b) ポリペプチド分子

NH基が(b)の矢印で示す四つ目のC=O基と
水素結合し，(a)の構造がつくられる

図 5・7　ポリペプチドの構造

L. G. Wade, Jr. 著，大槻哲夫ら訳，"ウエイド有機化学 III", p.1640，丸善 (1989).

では二量体構造をとることが知られている．水素結合はまた，タンパク質や核酸など生体系における構成物質が高次構造[*1]をつくるのにも重要な要素となっている．図5・7に，アミノ酸が結合してできたポリペプチドの鎖状分子において，NHとCOの間に水素結合ができて，α-ヘリックスとよばれるらせん棒状の構造ができることを示した．

5・5　電荷移動錯体

通常の分子はそれ自体原子価が飽和した安定な状態であるが，分子によっては，異なる分子の間でいままで述べてきたのとは違う特別な相互作用が生じ，

[*1] 生体高分子の共有結合で形成される化学構造（一次構造という）以外の構造をさし，主としてタンパク質や核酸の立体構造をいう．二次，三次，四次などの構造があって，それぞれ生体系における機能の発現に重要な構造である．

分子化合物（molecular compound），または分子錯体（molecular complex）とよばれるある種の化合物ができる場合がある．このような化合物の生成は，無色の分子どうしから有色のものが得られたり，互いの分子とは著しく異なる色のものができたりすることから知ることができる．

古くから知られている例に，p-ベンゾキノン（黄色）とヒドロキノン（無色）の系がある．両者を溶液中で混ぜると赤色に変わり，またその結晶は黒緑色の金属光沢をもつ．また，ヨウ素の蒸気は美しい赤紫色で，これを四塩化炭素やn-ヘキサンに溶かすと，同じような赤紫色を示すが，ベンゼンやエタノール，エチルエーテルなどに溶かしたり，あるいは四塩化炭素やn-ヘキサンの溶液にベンゼン，エタノール，エチルエーテルなどを加えると，色調が褐色を帯びてくる．組成を調べてみると，前者ではp-ベンゾキノンとヒドロキノンが，また後者では，ヨウ素とベンゼンまたはエタノール，エチルエーテルなどが1：1の分子化合物を生成している．p-ベンゾキノンとヒドロキノンの分子化合物はキンヒドロンともよばれる．このような分子化合物における相互作用のエネルギーはせいぜい20 kJ mol^{-1}程度である．分子のもつ色が，分子固有の電子準位間の遷移によるものであることを考えると，分子化合物にみられる著しい変色は分子間のどのような相互作用によるものなのか，きわめて興味のあることであった．これは，電荷移動相互作用（charge-transfer interaction）という概念によって説明されている．

電荷移動相互作用という考えによると，二つの分子間に働く力は，通常のvan der Waals力による弱い結合の状態に，一方の分子からもう一方の分子へ電子が移動した状態が共鳴エネルギーとして加わることから生ずると考えられる．ここで，電子を与える側の分子を電子供与体（electron donor），電子を受け取る側の分子を電子受容体（electron acceptor）とよぶ．p-ベンゾキノンとヒドロキノンの系では，ヒドロキノンのほうがp-ベンゾキノンより電子を外に出しやすく，すなわちイオン化エネルギーが低く，またp-ベンゾキノンのほうが電子を受け取りやすい，すなわち電子親和力が大きい．このため，ヒドロキノンが電子供与体，p-ベンゾキノンが電子受容体となる．また，ヨウ素とベンゼンなどの系では，ベンゼンが電子供与体でヨウ素が電子受容体である．

5・5 電荷移動錯体

ここで，電子供与体，電子受容体をそれぞれD, Aという記号で表すと，van der Waals力による相互作用の状態はA—Dで示され，非結合状態（non-bonding state）である．また，電子移動の起きた状態はA^-—D^+と表され，電荷移動状態（charge transfer state）とよばれる．基底状態では非結合状態の寄与が大きく，波動関数は次のように書かれる．

$$\Psi_N = a\Psi(A\text{—}D) + b\Psi(A^-\text{—}D^+) \qquad (a^2 \gg b^2)$$

ここで，$\Psi(A\text{—}D)$は非結合状態を，$\Psi(A^-\text{—}D^+)$は電荷移動状態を表す波動関数で，Ψ_Nを二つの関数の線形結合で表したのは，A—DとA^-—D^+の構造間の共鳴を考えていることに対応する．一方，励起状態は

$$\Psi_E = a^*\Psi(A\text{—}D) - b^*\Psi(A^-\text{—}D^+)$$

と表され，$a^* \approx b$, $b^* \approx a$で，励起状態では電荷の移動した状態の寄与が大きくなっている．ここで，Ψ_Nの状態は$\Psi(A\text{—}D)$と$\Psi(A^-\text{—}D^+)$の間の共鳴によ

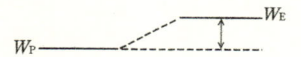

図 5・8 電荷移動相互作用によるエネルギー準位のシフト
W_N, W_E, W_G, W_PはそれぞれΨ_N, Ψ_E, $\Psi(A\text{—}D)$, $\Psi(A^-\text{—}D^+)$に対する準位．

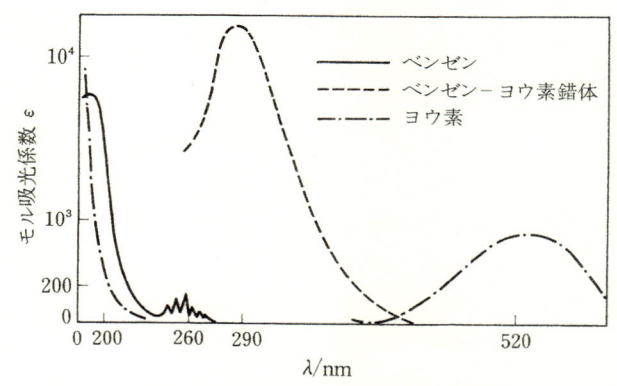

図 5・9 ベンゼン，ヨウ素およびベンゼン-ヨウ素錯体の無極性溶媒中の電子スペクトル

り $\Psi(A—D)$ より安定化し，Ψ_E は $\Psi(A^-—D^+)$ より不安定化する（図5・8）．また A—D 間で電荷の移動が起こりやすいほど $\Psi(A^-—D^+)$ のエネルギーは下がり，$\Psi(A—D)$ との共鳴がより大きくなって Ψ_N の安定化は増大する．すなわち，より安定な電荷移動錯体が生成する．

一方，Ψ_N から $\Psi(A^-—D^+)$ の寄与の大きな Ψ_E への遷移が起こるときには，D から A への電荷の移動を伴うことになる．分子化合物に特有な色は，このような状態間の遷移に対応するもので，この遷移に対応する吸収スペクトルを分子間電荷移動スペクトルとよんでいる．

図5・9に，ベンゼン-ヨウ素の間につくられる分子化合物（電荷移動錯体，charge-transfer complex）の電子スペクトルを示す．n-ヘキサンなどの無極性の溶媒中でベンゼンとヨウ素を混合すると，両者には本来なかった吸収が 297 nm に新しく現れてくる．これが先に述べた褐色を示す原因であるが，この新たな吸収が電荷移動吸収帯である．

問　題

5・1 He, Ar, Xe の Lennard-Jones の $(6, 12)$ ポテンシャルの定数 C_6, C_{12} が次のように求められている．

	$C_{12}/10^{-111}$ kJ mol^{-1} m^{12}	$C_6/10^{-54}$ kJ mol^{-1} m^6
He	0.00382	0.0130
Ar	1.31	0.819
Xe	18.9	4.23

おのおのについて 6 乗項，12 乗項，および全ポテンシャルエネルギーを r の関数として描き，互いに比較せよ．また 4・3 節で示した共有結合に対するポテンシャルエネルギー曲線とも比較してみよ．

5・2 Lennard-Jones ポテンシャルはしばしば $V(r)=4\varepsilon[(\sigma/r)^{12}-(\sigma/r)^6]$ の形で表される．この表現では，ポテンシャルの極小が $r/\sigma=2^{1/6}$ の位置に現れること，ポテンシャル極小の位置での V の値は $-\varepsilon$，また $r=\sigma$ の位置で $V=0$ となることを示せ．

5・3　Xe とベンゼン分子の間の原子–分子間距離を 0.4 nm としたときの分散力を計算せよ．Xe とベンゼンの分極率 $\alpha'(=\alpha/4\pi\varepsilon_0)$ はそれぞれ 4.04×10^{-30} m^3 と 103.2×10^{-31} m^3，Xe とベンゼンの第一イオン化エネルギーはそれぞれ 12.1 eV と 9.24 eV である．

5・4　四塩化炭素溶媒中で 1,3,5-トリニトロベンゼン（電子受容体）とベンゼン，ナフタリンおよびヘキサメチルベンゼン（電子供与体）の混合溶液について吸収スペクトルを測定し，電荷移動吸収スペクトルの吸収極大をそれぞれ 282, 370, 395 nm に観測した．また電荷移動錯体の生成平衡の解析から結合エネルギー（$-\Delta H$）をそれぞれ 7.1, 17, 19 kJ mol^{-1} と求めた．イオン化エネルギーは，ベンゼン，ナフタリン，ヘキサメチルベンゼンの順で小さくなることが知られている．電荷移動吸収スペクトルのシフトと，結合エネルギーの変化をどのように解釈するか．

6

固体の構造

　空間を自由に運動している分子の間に相互作用が生じ，互いに引きつけ合って集合体を形成し，さらにそれが進むと液体や固体がつくられる．分子間の相互作用の大きさに比べ，分子の熱運動の大きさが十分に大きく，分子間の相対的な配向が変化している状態が液体である．固体になると，分子の熱運動に比べて分子間の相互作用エネルギーのほうが大きく，分子間の相対的な配向は静止した状態になる．また前章でも述べたように，分子の相対的な配向はある程度決まっているが，液体のように流動性をもつ液晶（liquid crystal）とよばれる一群の物質もある．

　われわれは多くの物質に囲まれて生活しているが，そのなかで形をもつものはすべて固体である．固体には金属のように電気をよく通すものもあれば，木やプラスチックのように電気を通さないものもある．また，磁石のように金属を引きつけるもの，ゴムや銅線のように形を変えやすいもの，そうでないものと性質は多様である．このような性質は固体を構成する分子あるいは原子，イオンなどの固有の性質というより，分子が集合することによって新たに加わる場合が多い．本章では，分子，原子，イオンなどの間の固体における相互作用や固体の一般的な構造を考え，それらと性質とのかかわりについても少しふれてみよう．

6・1 固体の結合

　これまで原子が結合して分子ができる過程，分子間の相互作用について考えてきた．原子，イオン，分子が集合して固体となる場合にも種々の相互作用が働く．van der Waals 相互作用，イオン結合，共有結合，金属結合，水素結合，配位結合，電荷移動相互作用，さらにはこれらいくつかの相互作用が組み合わさったものなどがあげられる．ここでは，典型的な van der Waals 相互作用，イオン結合，共有結合，金属結合，水素結合による固体における結合の問題を，例をあげながら考えてみよう．

6・1・1　van der Waals 結合

　前章において，分子内に電荷の偏りがあり，分子全体として電気双極子モーメントをもつような分子では，分子間に双極子-双極子相互作用の働くことを述べた．また，電気双極子モーメントをまったくもたない場合でも，瞬間，瞬間で分子の中に電荷の偏りが生じ，これにより生ずる電気双極子間の相互作用で引力の生ずる場合，あるいは一つの極性分子が無極性分子に接近して，無極性分子を分極させ，これにより生じた誘起双極子モーメントと極性分子との間の相互作用で，分子の間に引力の生ずる場合のあることを述べた．

　He や Ne のような不活性気体を冷却して得られる固体，CO_2, O_2, N_2 などの分子，あるいはベンゼン，ナフタレンなど多くの有機化合物の固体では，いままで述べてきたような分子間力によって分子どうしが結ばれて固体を形成している．このような固体を分子性結晶（molecular crystal）とよんでいる．この種の分子間力は，前章でも述べたようにかならずしも大きなものではない．たとえば，He, Ne の昇華エネルギーはそれぞれ 0.10, 2.13 kJ mol^{-1} であり，ベンゼンでは 44.7 kJ mol^{-1} である．これは後述の他の結合と比較すると 1〜2 桁小さいが，分子量が数十万といった巨大分子になった場合，それを構成する原子間の引力が加え合わさって数百 kJ mol^{-1} にもなることがある．生体高分子の場合には，上のような分子間力だけでなく，後で述べるように水素結合も分子

間力に大きく寄与している．一方，ベンゼン環が縮合した六員環網状の平面構造が層状に重なってできたグラファイト（黒鉛）では，昇華しようとすると炭素-炭素間の共有結合が切れ，炭素原子がばらばらになって飛び出してしまう．これは，層間の相互作用が炭素-炭素間の共有結合力よりはるかに大きいためである．

6・1・2 イオン結合

イオン結合により結ばれた代表的な固体結晶として，塩化ナトリウム NaCl について考えてみよう．塩化ナトリウムでは Na から電気陰性度のより大きい Cl に電子が移って Na^+Cl^- のように各原子がイオンの形をとり，図 6・1 に示すように Na^+, Cl^- が交互に結晶内に配列し，各イオンは反対の電荷をもつ 6 個のイオンに囲まれている．各イオンの間にはクーロン力が働く．いま，もっとも短い Na^+—Cl^- の距離を r_0 とすると，二つの隣り合うイオン間のクーロン相互作用エネルギーは $V_C = -e^2/4\pi\varepsilon_0 r_0$ で与えられる（e は電荷）[*1]．それぞれの Na^+ イオンは r_0 の距離にある六つの Cl^- に囲まれているので，このクーロン相互作用エネルギーは $-6e^2/4\pi\varepsilon_0 r_0$ となる．この Na^+ イオンからみて次に近いイオンは，$\sqrt{2}\,r_0$ の距離にある 12 個の Na^+ イオンで（図 6・2），この同符号のイオン間の相互作用エネルギーは $+12e^2/\sqrt{2}\,4\pi\varepsilon_0 r_0$ である．このよ

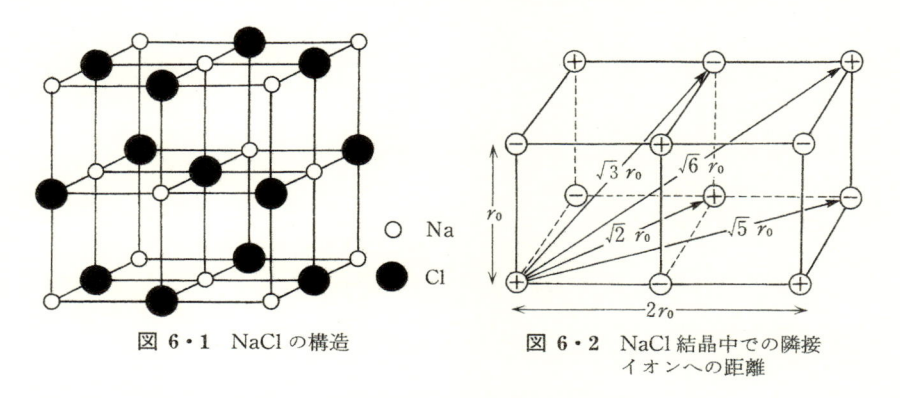

図 6・1　NaCl の構造

図 6・2　NaCl 結晶中での隣接イオンへの距離

[*1] イオン間相互作用（$\propto 1/r$）は，5 章で述べた双極子間相互作用（$\propto 1/r^6$）より遠隔まで効果が及ぶことに注意しよう．

表 6・1 種々の結晶に対する Madelung 定数 M

結晶構造の型	M	結晶構造の型	M
岩　塩	1.74756	蛍　石	5.03878
塩化セシウム	1.77667	ルチル	4.7701
セン亜鉛鉱	1.63805	赤銅鉱	4.44248
ウルツ鉱	1.64132	コランダム	25.0312

うな方法の繰り返しにより，NaCl 全体のクーロン相互作用エネルギー V_C は，次式で表される．

$$V_\text{C} = -\frac{e^2}{4\pi\varepsilon_0 r_0}\left(6 - \frac{12}{\sqrt{2}} + \frac{8}{\sqrt{3}} - \frac{6}{2} + \cdots\right) \tag{6・1}$$

この無限数列は一定値に収れんし，結晶構造に特徴的な値である．NaCl では，1.74756… と求められている．これは Madelung 定数とよばれ，M_NaCl で表される．NaCl 1 mol あたりのクーロンエネルギーは M_NaCl を用いると

$$V_\text{C} = -N_\text{A} M_\text{NaCl}(e^2/4\pi\varepsilon_0 r_0) \tag{6・2}$$

と表される．ここで，N_A はアボガドロ定数である．表 6・1 に種々の結晶の型について計算された Madelung 定数を示す．結晶構造がわかれば，反対の電荷をもつイオン間の最短距離 r_0 と Madelung 定数から，クーロン相互作用エネルギーは次式により容易に求まる．

$$V_\text{C} = -N_\text{A} M Z_i Z_j e^2 / 4\pi\varepsilon_0 r_0 \tag{6・3}$$

Z_i, Z_j はイオンの電荷で，NaCl ではそれぞれ 1 である．

以上のようなクーロン力と同時に，前項で述べたようにイオン間には分子間力 V も働く．そのエネルギーは 5・2 節でも示したが，近以的に

$$V = -C/r^6 \tag{6・4}$$

の形をもつ．また，イオンが接近し電子雲が重なりはじめると，イオン間に反発エネルギー ω が働く．このほか，結晶を構成するイオンは，そのクーロンポテンシャルの場のなかで，平衡位置を中心に振動運動を行っているが，その振動に関連するエネルギー E_0 がある．これらをすべて加え合わせた値がイオン結晶の結合エネルギーであるが，塩化ナトリウムの結晶では

$$V_\text{C} = -855 \text{ kJ mol}^{-1},\ V = -21.8 \text{ kJ mol}^{-1}$$

$\omega = 98.3 \,\mathrm{kJ\,mol^{-1}}, E_0 = -7.1 \,\mathrm{kJ\,mol^{-1}}$

で，このようなイオン結晶では，クーロンエネルギーが圧倒的に大きいことがわかる．

6・1・3 共 有 結 合

ダイヤモンド，炭化ケイ素などの結晶では，sp^3 混成した炭素，ケイ素が，図 6・3(a) に示すように隣りの原子と共有結合し，結晶全体が純粋に共有結合のみによってつくられている．このような共有結合でつくられた結晶は非常に堅固な構造をもっている．ダイヤモンドや炭化ケイ素の高い硬度，耐熱性や化学的な安定性は，このような結合の性質を反映している．

一方，グラファイトの結晶は先にも述べたように，sp^2 混成した炭素間の結合によって六員環状平面が構成され，これらの層状構造が分子間力によって結

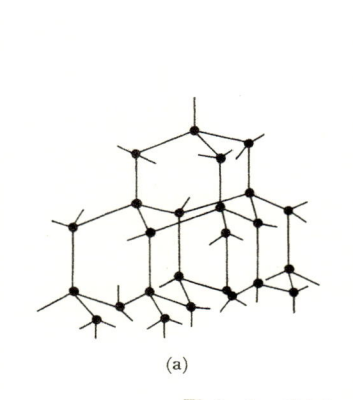

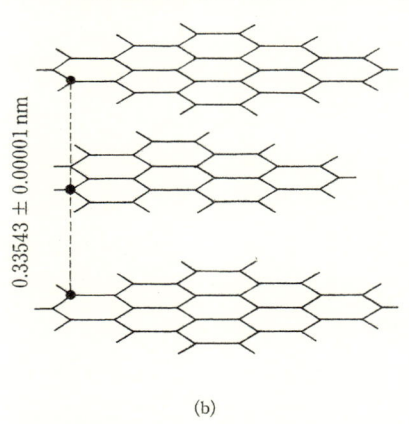

(a)　　　　　　　　　　　　　　(b)

図 6・3　ダイヤモンド(a)およびグラファイトの構造(b)

表 6・2　共有結合性結晶の昇華エネルギー*

物　　質		昇華エネルギー/$\mathrm{kJ\,mol^{-1}}$
ダイヤモンド	C	713.2
ケイ素	Si	455.6
ホウ素	B	562.7
炭化ケイ素	SiC	592

* この値は固体を原子状気体にするときのエネルギー値．

ばれてつくられている［図6・3(b)］．代表的な共有結合性結晶における昇華エネルギー（昇華エンタルピーともいう）を表6・2に示す．

6・1・4　金属と金属結合，半導体

われわれの生活のなかで金属はいたるところに利用され，その占める位置は非常に大きい．これは，金属が他の物質に比べて多くの特徴的な性質をもつからである．金属における結合は大きく分けて二つの考え方から説明される．まず，共有原子価結合とよばれる考え方をナトリウム金属を例にとって述べてみよう．

ナトリウムは $(1s)^2(2s)^2(2p)^6(3s)^1$ の11個の電子をもつが，このうち最外殻の $(3s)^1$ 電子は，隣り合ったナトリウム原子上の $(3s)^1$ 電子と二つのナトリウム原子上に共有され，Na—Na結合を生ずる．しかし，この結合はいつまでもこれら二つの原子どうしの間に形成されているわけではなく，次の瞬間には切れ，別の隣接する原子間にNa—Na結合が生ずる．また，電荷移動が起こって Na^+, Na^- のようなイオン結合も生じ得る．このように，結合の組みは図6・4に示すように隣り合うNa原子間で動きまわることになるが，これは量子力学的には共鳴という概念でとらえられる．以上のように，隣接原子間の共有結合，イオン結合が共鳴して金属結合がつくられるとするのが共有原子価結合の考え方で，金属の化学的性質や合金の組成などを理解するのに役立っている．

これに対し，金属の中を電子が自由に動きまわれる性質をよく表現する自由

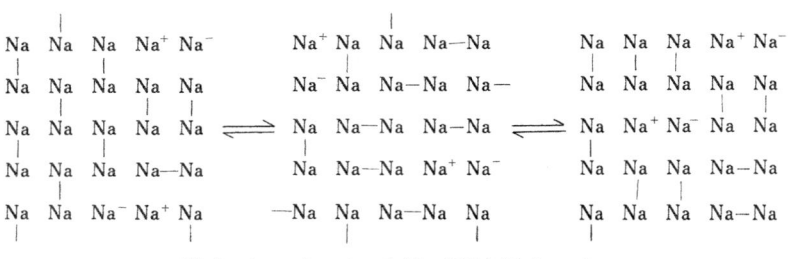

図6・4　ナトリウム金属の原子価結合モデル

6・1 固体の結合 115

(a) 金属
(b) 絶縁体
(c) 半導体

Fermi→
準位

(a)　(b)　(c)　バンドの占有状態

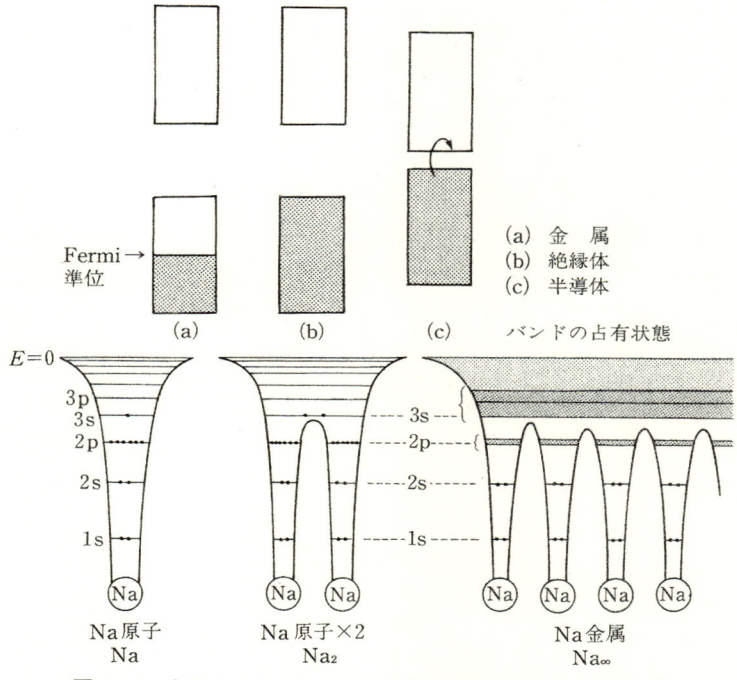

$E=0$

3p
3s
2p
2s
1s

Na原子
Na

Na原子×2
Na$_2$

Na金属
Na$_\infty$

図 6・5　金属ナトリウムのエネルギー構造とバンドの占有状態

電子ポテンシャル箱模型とよばれる考え方がある．上と同じように，金属ナトリウムを例にとって考えてみよう．先に述べたように $(1s)^2(2s)^2(2p)^6(3s)^1$ の11個のナトリウムの電子のうち $(2p)^6$ までの内殻電子は，ナトリウム原子核のポテンシャルを強く受け，そのポテンシャルの中だけで運動するが，外殻の $(3s)^1$ は核からの束縛が小さいので広がりをもち，隣りのナトリウム原子の3s軌道と重なる．4章で述べたように，2個の原子軌道からは2個の分子軌道が，N 個の原子軌道からは N 個の分子軌道がつくられるので，金属ナトリウムを構成している N 個の原子の3s軌道からは N 個の分子軌道がつくられることになる．N が非常に大きいときには，これらの分子軌道のエネルギー準位は互いに接近してバンド状になる（図6・5）．s軌道からつくられるこのようなバンド構造をもつ分子軌道をsバンド，p軌道からつくられるものをpバン

ドとよんでいる．

　さて，このようにしてつくられる分子軌道には，Pauliの原理に従って2個ずつの電子が詰まることになる．金属ナトリウムの場合には，ナトリウム原子の3s軌道には1個の電子しかないので，エネルギーの低い順に電子を2個ずつ詰めていくと$N/2$番目までの軌道が電子で詰まり，あとの$N/2$個の軌道は空になる．この電子の詰まったエネルギーのもっとも高い最高被占軌道をFermi準位とよぶ．この被占準位と空の準位との間は非常に接近しているので，小さなエネルギーで電子は被占軌道から空軌道に励起される．空軌道に励起された電子は可動性が非常に高い．わずかの電圧をかけただけでも，電子は空軌道に移り電気を導く．金属の導電性はこのようにバンドが部分的に電子に占められているときに生ずる．

　バンドが全部電子で占められているような場合には導電性がなくなり，絶縁体となる．たとえば，固体ヘリウムは，ヘリウム原子が1s軌道に2個の電子をもつため，ヘリウム原子間の重なりで生ずるN個の軌道に$2N$個の電子が全部詰まり，導電性を示さない．しかし，次のバンドが近い位置にあるときには，次のバンドへの電子の励起が容易に起こり，導電性を示す．固体ベリリウムなどがその例で，高い導電性を示す．

　一方，不純物を完全に除去したゲルマニウムやシリコン（ケイ素）などでは，電子の満ちたバンドと空のバンドとのギャップは比較的小さい．この場合，熱励起によって電子のいくつかが空のバンドに励起され，導電性に寄与することになる．このような性質をもつものを半導体（semiconductor）とよぶ．

　ゲルマニウムに$10^{-4} \sim 10^{-6}$％程度のヒ素を混ぜると，ヒ素はゲルマニウムより電子が1個多いため電荷が1個余る．これに電場をかけると不純物準位から電子が励起されて空のバンドに電子が入り，導電性に寄与することになる〔図6・6(a)〕．このように，不純物の余分な電子が導電性を担う場合n型（negative，負性）半導体とよんでいる．一方，ゲルマニウムにガリウムを添加すると電荷が1個不足する．この場合には満ちたバンドより電子が不純物準位に励起され，満ちたバンドに空孔（hole）が生成し，これが導電性に寄与することになる〔図6・6(b)〕．このように，不純物が電子を引き抜き，電子の詰まったバ

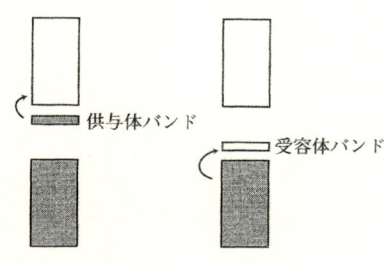

図 6・6 不純物の注入による導電性の増加　(a) n 型半導体　(b) p 型半導体

ンドに空孔を生じさせて導電が可能になるものを p 型 (positive, 正性) 半導体とよぶ．

6・1・5 水 素 結 合

前章における結合の問題で，氷の性質を考えるときに O—H⋯O の水素結合が大きく寄与していることを述べた．また，生体高分子などで，分子の高次構造あるいは分子間の相互作用に水素結合が大きな寄与をもつことを述べた．このほかに，有機・無機の酸，水和塩などでも水素結合はその結晶構造に対して重要な役割を果している場合が多い．

以上，固体の中で働いているいくつかの結合について述べた．しかし，単純に上で述べたような結合のみで形成されている固体の例は少なく，いろいろな結合力が混ざり合っている場合がむしろ一般的であり，これが固体がいろいろな性質を示す原因ともなっている．種々の分子間相互作用の巧みな組み合わせによる特異な構造・機能をもつ材料の創成は結晶工学の一つの課題でもある．

6・2 結 晶 格 子

結晶ではイオン，原子，分子が，前節で述べた結合力により規則正しく配列している．その配列は X 線回折，電子線回折，中性子回折などの方法で決められる．ここでは，結晶中のイオン，原子，分子などの配列について考えてみよ

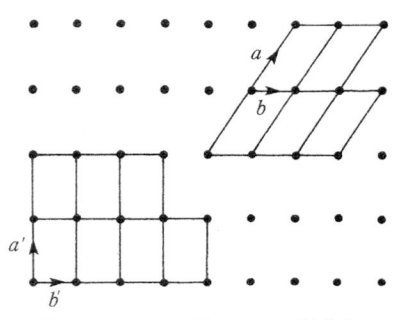

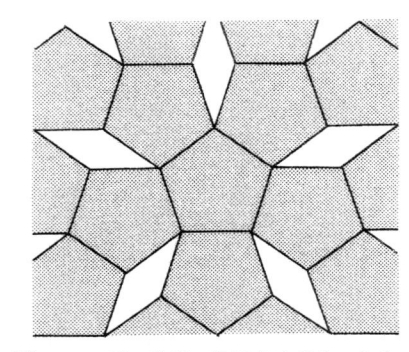

図 6・7 二次元格子とその単位胞　　**図 6・8** 正五角形の格子角は存在できない

う．結晶中でこれらの配列をみると，ある単位構造が規則正しく配置されているのがわかる．この単位構造は多くの金属の場合と同様に，原子が1個である場合もあるが，1000個にも及ぶ場合もある．この単位構造を点で表すことにして，これらの点の集まりを格子 (lattice) とよぶ．図6・7に示すように，規則正しく並んだ格子点を適当に結び合わせてできる小さな区域を単位胞 (unit cell) とよぶ．単位胞を積み重ねていくと完全な格子ができあがる．格子点の並び方，すなわち格子の種類は無数にあるように思われるがそうではない．たとえば，二次元の面内での格子点の配列を考えると，五角形は存在し得ないことがわかる．図6・8に示すように五角形をつづけて並べると隙間ができ，空間を満すことができないからである．このような制限を考えていくと，実は格子の種類は14種に限られることがA. Braraisにより示された．これをまとめて図6・9に示す．

図に示したように，格子の形は七つの系に分けて考えられる．これらの系に対する単位胞の軸と，角に関する制限を表6・3に示す．また，単位胞のなかでの格子点の配置の仕方で系のなかにいくつかの種類ができる．単位胞の頂点にだけ格子点をもつ場合P（単純），単位胞の内部にさらに格子点がある場合I（体心），面内に格子点のある場合F（面心），底面部に格子点のある場合C（底心）などである．また，Rは菱面体に対する記号である．

例として塩化ナトリウム結晶におけるイオンの配置をみてみよう．図6・1

6・2 結晶格子   119

立方晶系 P   立方晶系 I   立方晶系 F

正方晶系 P   正方晶系 I

斜方晶系 P   斜方晶系 C   斜方晶系 I   斜方晶系 F

単斜晶系 P   単斜晶系 C   三斜晶系 P

菱面体晶系 R   六方晶系 P

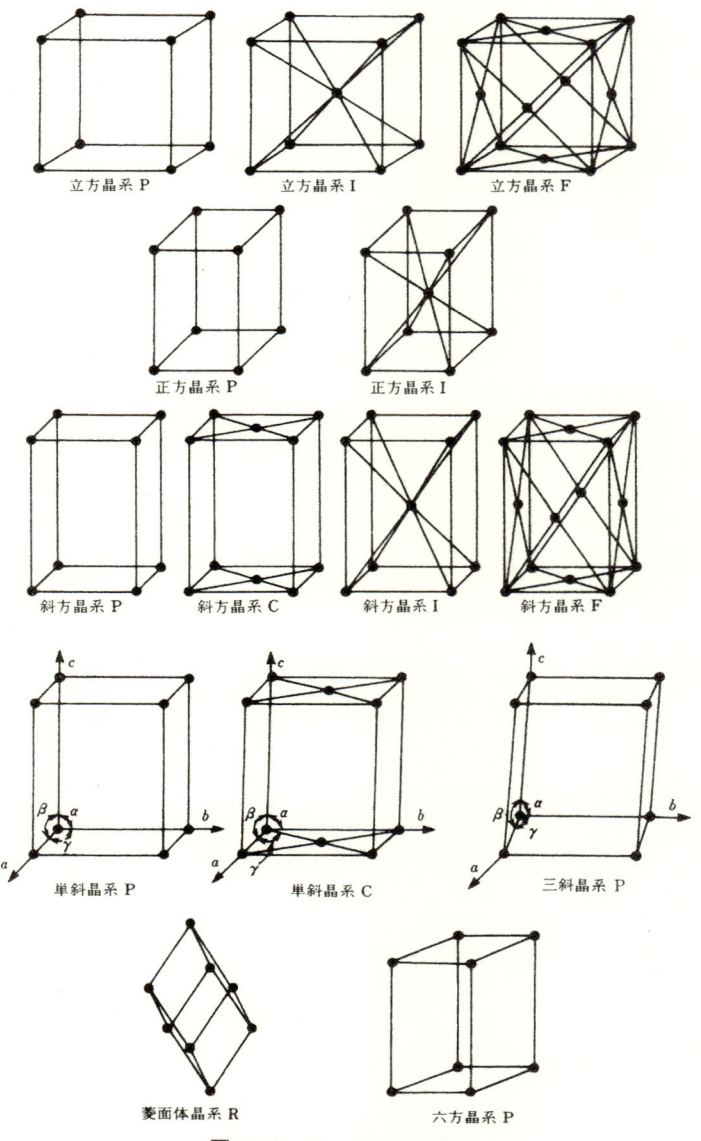

図 6・9 14 の Bravais 格子

表 6・3 Bravais の 14 の格子形

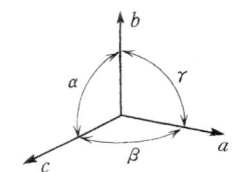

結 晶 系	格子の数	格子の記号	通常の単位格子の軸と角に関する制限
三斜晶系	1	P	$a \neq b \neq c$ $\alpha \neq \beta \neq \gamma$
単斜晶系	2	P, C	$a \neq b \neq c$ $\alpha = \gamma = 90° \neq \beta$
斜方晶系	4	P, C, I, F	$a \neq b \neq c$ $\alpha = \beta = \gamma = 90°$
正方晶系	2	P, I	$a = b \neq c$ $\alpha = \beta = \gamma = 90°$
立方晶系	3	P または sc I または bcc F または fcc	$a = b = c$ $\alpha = \beta = \gamma = 90°$
菱面体晶系	1	R	$a = b = c$ $\alpha = \beta = \gamma < 120°, \neq 90°$
六方晶系	1	P	$a = b \neq c$ $\alpha = \beta = 90°, \gamma = 120°$

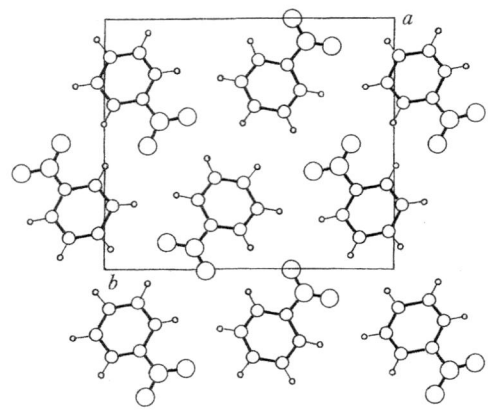

図中の枠は単位胞を表す．
$a = 38.29$ nm, $b = 116.0$ nm,
$c = 130.6$ nm, $\beta = 94.8°$

図 6・10 ニトロベンゼン結晶中の分子の配列

に示したように，Na^+イオンは等距離ではなれた 6 個の Cl^- イオンにとり囲まれており，また Cl^- イオンはそれから等距離はなれた 6 個の Na^+ にとり囲まれ，面心立方配列をとっている．有機化合物結晶の例として，図 6・10 にニトロベンゼンの結晶内の a, b 軸を含む面内での分子配列を示す．この結晶は，三次元的には単純単斜晶系の配列をとっている．この分子はニトロ基のほうに負の電荷を帯びた大きな双極子モーメントをもつが，図に示したように，結晶内では双極子-双極子相互作用により，双極子が逆平行の形で並び，結晶全体では統計的に極性を打ち消すような配列をとっている．

6・3 非 晶 系

固体結晶では，イオン，原子，あるいは分子は規則正しい配列をとることを述べたが，しかしわれわれの身のまわりにあるものの多くは，このような結晶ではなく，むしろ原子，分子の配列の規則性を失った物質，すなわち非晶質固体（noncrystalline solid）が多い．生物を構成する生体高分子やプラスチックなどの高分子も非晶系である．また，溶融状態の金属を急冷することにより得られる非晶系金属（アモルファス金属）あるいは非晶系の合金（アモルファス合金）には独特の物性（たとえば耐腐食性の非常に大きなもの，弾性率の低いものなど）を示すものがあり，新しい学問の分野をひらいている．

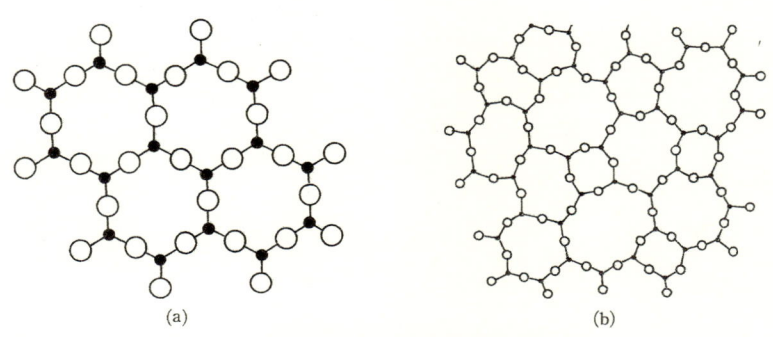

図 6・11 結晶の規則正しい繰り返し構造(a)と
ガラスの不規則な網目構造(b)

122   6 固体の構造

一方,ガラスまたはガラス状態とよばれるものは,非晶系の一つであるが,結晶における規則正しい繰り返し構造が失われている(図 6・11).液体と固体の間にある準安定状態で,長時間の経過によって結晶状態になっていくものをさして,ガラスまたはガラス状態という.

問　題

6・1 塩化ナトリウムの結晶構造は,図 6・1 に示されるように立方晶系に属し,面心格子である.その密度は $2.163\ \mathrm{g\ cm^{-3}}$ であり,単位格子の一辺は 0.5641 nm である.
(a) 単位格子に含まれるカチオンとアニオンの数はそれぞれいくつか.
(b) 密度と単位格子からアボガドロ定数を求めよ.

6・2 単純立方格子,体心立方格子(立方晶系 I),面心立方格子(立方晶系 F)に同一半径 (r) の剛体球が,格子点にあって互いに接し合いながら満たされているとする.単位胞の全体積に対する剛体球の占めている体積の割合を,次の手順に従って求めよ.
(a) 単位胞の一辺の長さを剛体球の半径 r を用いて表せ.
(b) 単位胞中に含まれる剛体球の数を求めよ.
(c) 単位胞の体積,剛体球の占める体積,剛体球の占めている体積の割合を求めよ.

(面心立方構造は最密充填型の構造である.最密充填型にはこのほか六方晶系構造がある)

6・3 アニオンとカチオンが 1:1 であるイオン結晶の代表的なものが NaCl と CsCl である.これらは立方晶系に属するが,NaCl は面心格子で,CsCl は単純格子である(カチオン,アニオンがそれぞれの格子構造をつくり,互いにほかへ侵入した形をもつ).これらの結晶構造の違いは,カチオンとアニオンの半径比 ($r_\mathrm{c}/r_\mathrm{a}$) がクーロン相互作用の安定化配置に影響を及ぼしていることを示している.
(a) NaCl と CsCl において,一つの原子のまわりの最近接距離にある原子はいくつか.

(b) 結晶中でアニオン同士が互いに接触し，かつカチオンとも接触している理想的な状態が出現するための比 r_c/r_a の条件を，下記に示す図をもとに求めよ．

(c) Na^+, Cs^+, Cl^- のイオン半径はそれぞれ 0.116, 0.181, 0.167 nm である．このイオン半径から予想されるイオンの配置について述べよ．

(d) 上記の結果をふまえると AgCl はどちらの結晶構造をとると考えられるか．Ag^+ イオンの半径は 0.129 nm である．

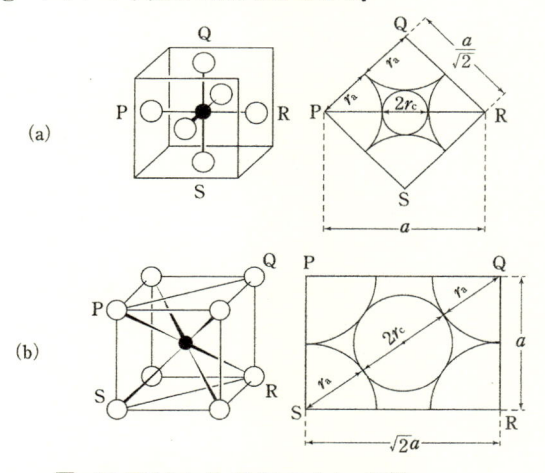

図　NaCl (a) と CsCl (b) のイオン配置

7 分子スペクトル

　3章で，励起された水素原子から観測される紫外から遠赤外領域にわたる発光スペクトル系列が，量子化されたエネルギー準位のなかで，高いエネルギーをもつ状態から，低いエネルギー状態に変わるさい，その余分なエネルギーが光として放出されるものとして説明できることを述べた．水素原子の場合に限らず，物質がそれぞれに固有の色をもつことは，その物質がある特定の波長の光しか吸収しないことであり，このことは，物質を構成する分子や原子が，それぞれに固有の量子化されたとびとびのエネルギー準位をもつことと関連している．分子は可視光線だけでなく紫外線，赤外線，マイクロ波などの電磁波も吸収するが，その分子に固有の特定の波長のものしか吸収しない．本章では，このような分子による電磁波の吸収や発光の問題，すなわち，分子の構造，分子間相互作用，化学反応あるいは化学平衡などを調べるときに用いる分子分光法のもっとも基本的なことがらについて解説する．

7・1 分子分光学の一般論

まず，分子分光学に共通する一般的なことがらについて考えてみよう．

7・1・1 電磁波とエネルギー

電磁波にはいろいろな波長をもつものがある．紫外線，可視光線，赤外線，ラジオ波，マイクロ波からX線，γ線なども含まれる．先に光は波としての性質と粒子としての性質をもつことを述べたが，波としての性質からみると，電磁波は振動しながら進行する電場と磁場とからなっており，これらの振動は互いに直交していると同時に，進行方向にも直交している（図7・1）．

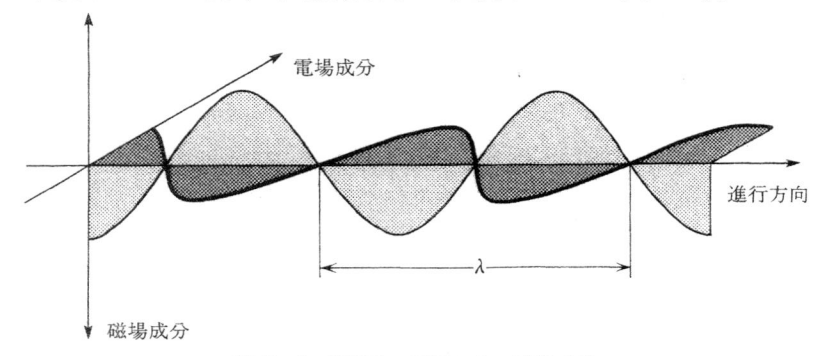

図 7・1 電磁波の電場および磁場成分

電磁波はまたその振動数 ν に比例するエネルギー，すなわち $h\nu$ のエネルギーをもつエネルギー粒子（光子）ともみることができる．分子のエネルギー状態 E' から E'' の状態への遷移には，次の関係を満たす振動数をもつ光子の吸収または放出を伴う．

$$h\nu = E'' - E' = \Delta E \qquad (7・1)$$

どのような振動数をもつ光が吸収されるか，あるいは放出されるかにより，励起状態がどのような高さにあるかを知ることができる．

電磁波は振動数 ν のほかに波長 λ，波数 $\tilde{\nu}$ などでも特徴づけられるが，それらの間には次の関係がある．

7・1 分子分光学の一般論

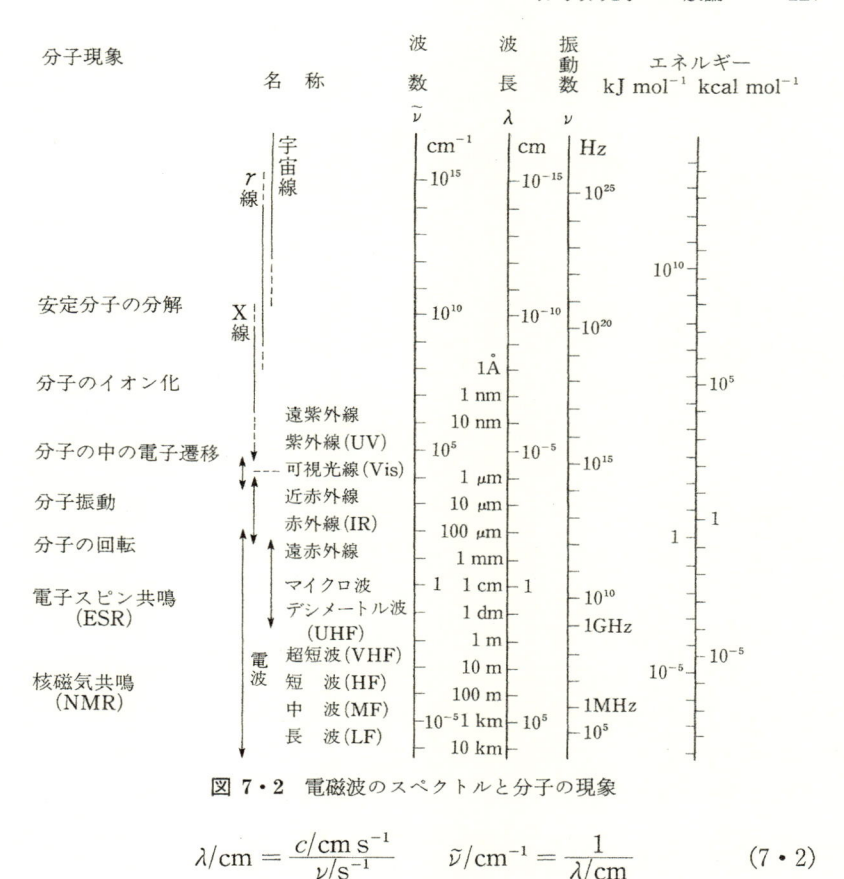

分子現象	名称	波数 $\tilde{\nu}$ /cm^{-1}	波長 λ /cm	振動数 ν /Hz	エネルギー kJ mol^{-1} kcal mol^{-1}
	宇宙線	10^{15}	10^{-15}	10^{25}	
	γ線				10^{10}
安定分子の分解	X線	10^{10}	10^{-10}	10^{20}	
分子のイオン化	遠紫外線	1Å / 1 nm / 10 nm			10^{5}
分子の中の電子遷移	紫外線(UV) / 可視光線(Vis)	10^{5} / 1 μm	10^{-5}	10^{15}	
分子振動	近赤外線 / 赤外線(IR)	10 μm / 100 μm			1
分子の回転	遠赤外線	1 mm			
電子スピン共鳴 (ESR)	マイクロ波 / デシメートル波 (UHF)	1 / 1 cm / 1 dm / 1 m	1	10^{10} / 1GHz	
核磁気共鳴 (NMR)	電波 超短波(VHF) / 短波(HF) / 中波(MF) / 長波(LF)	10 m / 100 m / 10^{-5} 1 km / 10 km	10^{5}	1MHz / 10^{5}	10^{-5} / 10^{-5}

図 7・2 電磁波のスペクトルと分子の現象

$$\lambda/\text{cm} = \frac{c/\text{cm s}^{-1}}{\nu/\text{s}^{-1}} \qquad \tilde{\nu}/\text{cm}^{-1} = \frac{1}{\lambda/\text{cm}} \qquad (7・2)$$

ここで，c は光速度で $2.99792458 \times 10^{10}$ cm s^{-1} である．分子分光学ではいろいろな振動数の電磁波が関係してくるが，図7・2に電磁波の波数，波長，振動数，エネルギーなどの関係を示す．

7・1・2 分子のもつエネルギー

原子からの発光あるいは吸収スペクトルは，原子内の電子の異なるエネルギー状態間の遷移によって起こることは前にも述べたが，分子の場合にも異なるエネルギーをもつ電子状態がある．図7・3にはこれが $S_0, S_1, \cdots, T_1, \cdots$ など

128   7 分子スペクトル

で示されている.しかし,分子の場合には原子の場合と異なる問題を含んでいる.分子では原子間の距離や結合間の角度は,一定の状態に固定されているわけでなく,平衡位置を中心につねに小さな振動運動をつづけている.これらの振動運動のエネルギーも電子の軌道運動と同じように量子化されていて,とびとびの不連続な値をもっている.気体分子の場合はまたその重心のまわりで回転運動を行っているが,このエネルギーも量子化されている.これらのエネルギー準位間の分裂の大きさは,振動運動に対するものは電子の軌道運動によるものよりはるかに小さく,また回転運動に対するものは振動運動によるものよりはるかに小さい.おおよそのエネルギーの大きさを,図7・2に電磁波のもつエネルギーと対比して示した.また,図7・3には振動運動,回転運動に対す

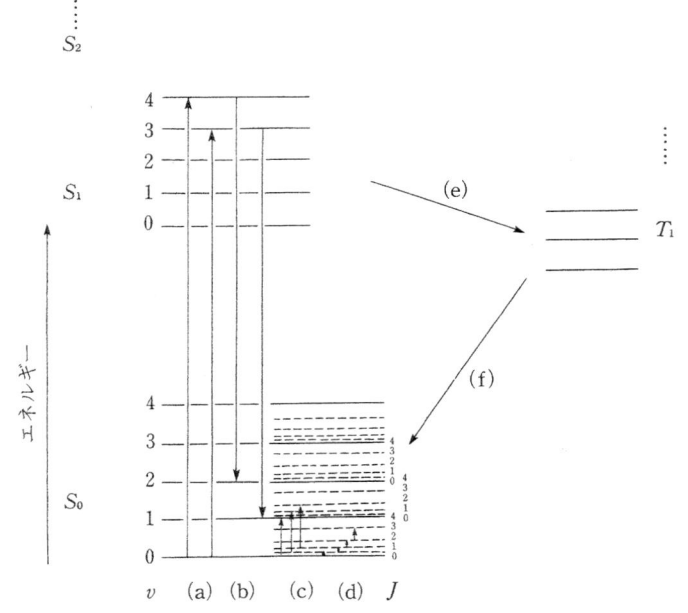

$S_0, S_1, \cdots, T_1, \cdots$:電子エネルギー準位,$v=0, 1, 2, \cdots$:振動エネルギー準位,$J=0, 1, 2, \cdots$:回転エネルギー準位,遷移(a), (b), (e), (f) は 7・6 節で解説,遷移 (c) は 7・3〜7・5 節,遷移 (d) は 7・2 節で解説

図 7・3 分子の可能なエネルギー準位と準位間の遷移

るエネルギー準位が量子数 v および J によって示されている．

一方，分子の振動運動や回転運動は，分子が電子の基底状態 S_0 にあるときだけでなく，励起状態にあるときにも，それぞれの励起状態に対応した振動の状態があり，各振動状態にはまたそれぞれの振動状態に対応した回転の状態が存在している．図 7・3 では繁雑さを避けるため，これらの準位を省略した．

7・1・3　吸収，発光，ラマン分光学

以上述べたように，それぞれの分子は，それぞれに固有のかつ量子化された電子の運動，振動および回転のエネルギーをもっている．低いエネルギー準位にある分子は電磁波のエネルギーを吸収して励起されるが，どのような波長の電磁波を吸収するかを観測するのが吸収分光学（absorption spectroscopy）で，得られるスペクトルは吸収スペクトル（absorption spectrum）である．また，高いエネルギー状態から低い状態に変わるさい，余分のエネルギーを光子として放出するが，このさい放出される光子のスペクトルは発光スペクトルまたは放出スペクトル（emission spectrum）で，これを扱っているのが発光分光学（emission spectroscopy）である．

これらのスペクトルは，波長領域に応じてマイクロ波スペクトル（microwave spectrum），赤外スペクトル（infrared spectrum, IR spectrum），可視部スペクトル（visible spectrum, Vis spectrum），紫外部スペクトル（ultraviolet spectrum, UV spectrum）などとよばれるし，またそれらがどのような遷移に対応するかにより回転スペクトル（rotational spectrum），振動スペクトル（vibrational spectrum），電子スペクトル（electronic spectrum）ともよばれる．励起した分子から光としてエネルギーを放出するときの発光スペクトルに，蛍光スペクトル（fluorescence spectrum）とりん光スペクトル（phosphorescence spectrum）がある．また，不対電子を含む分子，または核スピンをもつ原子を含んだ分子を磁場中においたときには，電子スピン，核スピンと静磁場との相互作用エネルギーが量子化されており，このエネルギー準位間の遷移を電子スピン共鳴（electron spin resonance, ESR）または電子常磁性共鳴（electron paramagnetic resonance, EPR），および核磁気共鳴（nuclear magnetic resonance, NMR）とよんでいる．

　電磁波の吸収または発光を観測する分光法のほかに，分子により散乱される光を調べることで，分子のエネルギー準位に関する情報を得る方法がある．すなわち，試料に光をあててここから散乱されてくる光を観測すると，照射光とは異なる波長の光が含まれてくる．これは，光子が分子に衝突したさい，分子にエネルギーを与えたり，奪ったりするからである．光子と衝突して分子が励起されると，光子から励起のためのエネルギーが奪われ，振動数のより低い，すなわちより長波長の光が散乱される．また，励起準位にある分子と光子が衝突すると，分子はエネルギーを失い，光子はこれに相当するエネルギーを獲得して振動数のより高い光が散乱されてくる．そこで，散乱光のスペクトルを観測することによって，分子エネルギー準位についての情報が得られることになり，ラマン分光法（Raman spectroscopy）とよんでいる．この場合，照射光として単色光を用いる必要があり，その単色光としてレーザー光が用いられる．

7・1・4　スペクトル線の強度と遷移確率

　量子化されたエネルギー準位間のエネルギー差 ΔE に相当するエネルギー $h\nu$ をもつ光子の吸収または放出により，準位間の遷移が起こることを述べた．しかし，このようにエネルギー値が互いに適合したときに，電磁波の吸収または放射を伴う遷移がかならず起こるかというとそうではない．回転，振動，電子準位間の遷移は，分子と電磁波の振動している電場成分との相互作用により起こる．たとえば，回転準位間の遷移の場合には，電気双極子モーメントをもたない分子は，電磁波の振動電場により分子の回転が励起されることがない．このような遷移の可能性を述べたものが選択則（selection rule）で，遷移が起こり得るものを許容遷移（allowed transition），起こり得ないものを禁制遷移（forbidden transition）とよんでいる．これについては，個々のスペクトルをとりあげるさいに具体的に説明する．

　吸収スペクトルの強度は，上記のような選択則にのっとった遷移確率によって決まるが，このほかに，遷移の初期状態の準位にどの程度の分子が分布しているかも関係してくる．このことを考えるために，各準位への分子の分布につ

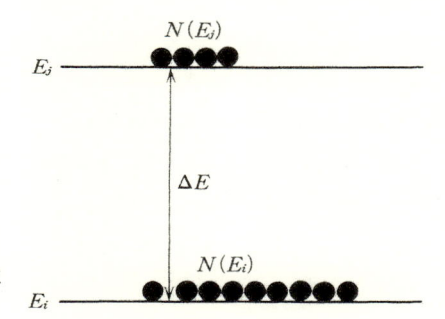

図 7・4 エネルギー準位 E_i, E_j と各準位での分布 $N(E_i), N(E_j)$

いてここで述べておこう．

いま，図7・4に示すように，エネルギー状態 E_j と E_i があると仮定しよう．E_i と E_j のエネルギー準位を占める分子の数を $N(E_i), N(E_j)$ とすると，その分配比は Boltzmann 分布式とよばれる次式によって与えられる．

$$\frac{N(E_i)}{N(E_j)} = \exp\left[\frac{-(E_i - E_j)}{kT}\right] \qquad (7\cdot3)$$

ここで，k はボルツマン定数，T は絶対温度である．室温では $kT \approx 200$ cm^{-1} の値となり，これはどんな分子も室温では 200 cm^{-1} 程度のエネルギーをもって運動していることに相当する．したがって，ΔE が 200 cm^{-1} 以下であれば，室温では励起状態 E_j にもかなりの数の分子が分布することになり，このような励起状態からさらに上の励起状態への遷移も観測される．これに対し，ΔE が 200 cm^{-1} より非常に高いところにあれば，分子のほとんどは基底状態 E_i にあり，基底状態からの遷移のみが観測される．たとえば，紫外・可視光の吸収による電子エネルギー準位間の遷移や，赤外線の吸収による振動エネルギー準位間の遷移は後者の例であり，回転準位間の遷移は前者の例である．

7・2 回転スペクトル

先にも述べたように，分子の回転のエネルギー準位の間の遷移は，マイクロ波領域の電磁波で起こる（図7・2）．最初に，もっとも簡単な二原子分子の回

転スペクトルについてとりあげる.

分子の回転に伴うエネルギー準位はSchrödinger方程式を解くことで求められるが,このエネルギーには回転の慣性モーメントの大きさが関係してくる.質量 m, 半径 r の円周上を回転する粒子の慣性モーメントは mr^2 で与えられるが,二原子分子の場合には,これがどのように表されるかをまず考えてみよう.

二原子分子のそれぞれの原子の質量を m_1, m_2 としその重心に原点をとり,各原子がその原点より r_1, r_2 の距離にあるとすると,重心の定義により

$$m_1 r_1 = m_2 r_2 \tag{7・4}$$

である(図7・5).ここで,$r_1 + r_2 = r$ とすると

$$r_1 = \frac{m_2}{m_1 + m_2} r \qquad r_2 = \frac{m_1}{m_1 + m_2} r \tag{7・5}$$

となる.この分子が,重心を通って結合軸に垂直な軸のまわりに回転するときは,回転の慣性モーメントは次のように定義される.

$$I = m_1 r_1^2 + m_2 r_2^2 \tag{7・6}$$

式(7・5)と式(7・6)より

$$I = \frac{m_1 m_2}{m_1 + m_2} r^2 \tag{7・7}$$

となる.これを質量 m, 半径 r の円周を回転する円運動の慣性モーメント $I = mr^2$ と比較すると,二原子分子の回転は,質量が $m_1 m_2/(m_1 + m_2)$ の単独粒子の円運動と同じ形をもつことがわかる.ここで,$m_1 m_2/(m_1 + m_2) = \mu$ とし,こ

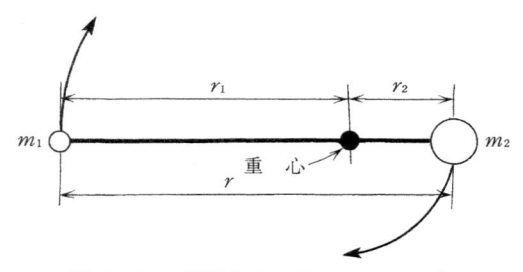

図7・5 二原子分子の重心まわりの回転

れを換算質量 (reduced mass) とよんでいる．

さて，二原子分子の回転のエネルギー準位は，Schrödinger方程式を解くことで次式のように求められる．

$$E_{\text{rot}} = (h^2/8\pi^2 I)J(J+1) = BJ(J+1) \qquad (7・8)$$
$$(J = 0, 1, 2, \cdots)$$

ここで，J は量子数で，0からはじまる整数値をとる．J はまた回転の角運動量の大きさに関係しており，角運動量の大きさは $\sqrt{J(J+1)}\,\hbar$ で与えられる．また，$h^2/8\pi^2 I$ を B で表し，これを回転定数 (rotational constant) とよぶ．

いま，回転分子に電磁波をあてると，$\Delta E = h\nu$ を満足するような振動数の電磁波と相互作用し，これを吸収して遷移が起こる．先に述べたように，電磁波との相互作用は，電磁波の振動電場成分との間で起こり，等核二原子分子のように，電気双極子モーメントをもたない分子では，分子の回転運動により電場のゆらぎを生ぜず，電磁波の振動電場により分子の回転が励起されることもなければ，電磁波の放射も起こらない．したがって，電磁波の吸収，放射は電気双極子モーメントをもつ分子の場合に限られる．また，遷移は量子数が1だけ変わるような準位間の遷移に限られる．すなわち，遷移の選択則は $\Delta J = \pm 1$ である．このことは，光子は1単位のスピン角運動量をもっており，光子の吸収または放射にさいし，光子のもつ角運動量の1単位の変化に見合うだけの角運動量の変化が分子に生じ，系全体としては角運動量が不変であることに関連する．

以上の選択則を考えると，許される遷移の振動数は，$h\nu = \Delta E = E_{J+1} - E_J$ より

$$\nu = 2B(J+1)/h \qquad (J = 0, 1, 2, \cdots) \qquad (7・9)$$

と表すことができる．これから述べる例においても示されるように，回転のエネルギー準位の間隔の大きさは，室温の kT に比べて小さい．したがって，励起回転状態にある分子も室温で存在することになり，それぞれの準位からの遷移が，等しい周波数間隔をもったスペクトル線として観測される．図7・6にCO分子の回転スペクトルを示す．各吸収線の強度が異なるのは，各準位での縮重度とBoltzmann分布による占有数が異なるからである．図の各スペクト

134   7 分子スペクトル

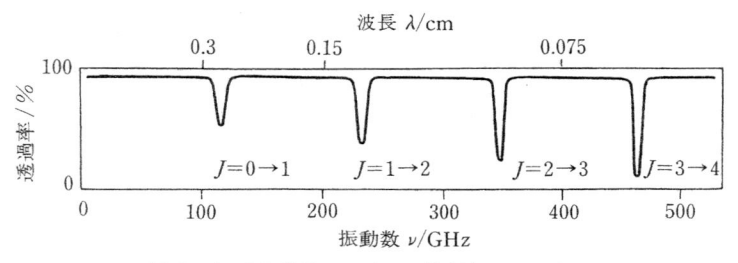

図 7・6 CO 分子のマイクロ波吸収スペクトル

ル線の間隔 $\Delta\nu$ は 115 GHz である．したがって，式 (7・9) を用いると，慣性モーメント I は次式のように求めることができる．

$$I_{CO} = 2h/8\pi^2\Delta\nu = 1.46\times10^{-46} \text{ kg m}^2$$

一方，$^{12}C^{16}O$ の換算質量は，各元素の原子量をもとに次式のように求まる．

$$\mu_{CO} = \frac{m_C m_O}{m_C + m_O} = \frac{12.0\times16.0/(6.02\times10^{23})^2}{28.0/(6.02\times10^{23})} = 1.14\times10^{-23} \text{ g}$$

したがって，C—O 間の結合距離は $I=\mu r^2$ から次式で与えられる．

$$r = \sqrt{I_{CO}/\mu_{CO}} = 0.113 \text{ nm}$$

直線状三原子分子 A—B—C の場合にも，分子軸に直交する軸まわりの回転モーメント I の関数としてスペクトルが説明される．ここで，慣性モーメント I は次式のように表される．

$$I = \frac{m_A m_B r_{AB}^2 + m_A m_C (r_{AB}+r_{BC})^2 + m_B m_C r_{BC}^2}{m_A + m_B + m_C} \quad (7・10)$$

しかし，この場合には二原子分子のように一義的に各結合距離を求めることはできない．それは，r_{AB} と r_{BC} の二つの未知の結合距離が I に含まれるからである．しかし，異なる同位体元素を含む 2 種の分子についての実験を行うことができれば，同位体交換により r_{AB}, r_{BC} は一定であるとみて，質量の違いによる異なる I のもとで得られるスペクトル間隔 $\Delta\nu$ から，r_{AB}, r_{BC} を求めることができる．

また，図 7・7 に示す NH_3 分子は，回転方向によって異なる二つの慣性モーメントをもっている．このような分子を対称こま分子とよんでいる．この場合

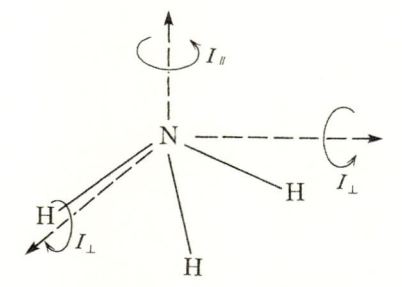

図 7・7 対称こま分子アンモニアの二つの慣性モーメント

の回転エネルギー準位は二つの慣性モーメント $I_{\parallel}$ と $I_{\perp}$ で次式のように表される．

$$E_{JK} = BJ(J+1) + (A-B)K^2 \tag{7・11}$$
$$B = h^2/8\pi I_{\perp}, \quad A = h^2/8\pi I_{\parallel}$$
$$J = 0, 1, 2, \cdots, \quad K = 0, \pm 1, \pm 2, \cdots, \pm J$$

ここで，角運動量の大きさは J によって決まり，その大きさは $\sqrt{J(J+1)}\hbar$ である．量子論的にみると，この角運動量の任意の軸まわりの成分が $K\hbar$ であり，先にも述べたように電磁波との相互作用によるエネルギー準位間の遷移は，角運動量が一単位変わる変化となるので，選択則は

$$\Delta J = \pm 1 \quad \Delta K = 0$$

となる．

7・3 二原子分子の振動スペクトル

　分子内の原子は，それぞれの位置に固定されているのではなく，平衡位置を中心に振動している．まずはじめに，もっとも簡単な二原子分子の場合を考えてみよう．

　図 7・8 に二原子分子の典型的なポテンシャルエネルギー曲線を示す．この曲線は，結合距離によって分子のエネルギーがどのように変わるかを示している．ばねで結ばれた二つの球の伸び縮みの運動 [図 7・8(b)] は，放物線の形をもつポテンシャル曲線に沿って行われるが，図には，次式で表される放物線形のポテンシャル曲線も合わせて示した．

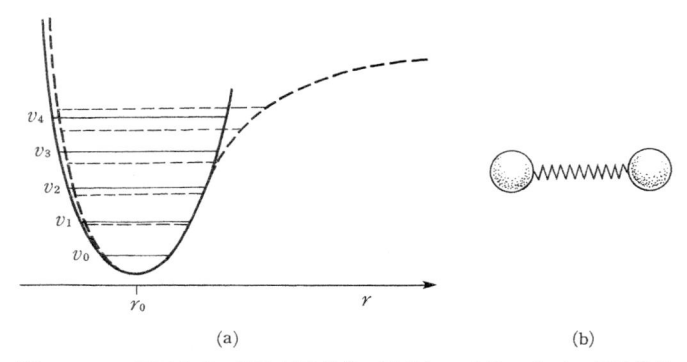

図 7・8 二原子分子の調和振動準位（実線）と実際の分子の振動準位（破線）(a)，調和振動するばねで結ばれた二つの球(b)

$$V(r) = (1/2)k(r-r_0)^2 \qquad (7\cdot12)$$

二原子分子では二つの原子はこのポテンシャル曲線の下に，平衡距離 r_0 を中心に振動することになるが，図7・8からわかるように，平衡位置 r_0 からの変位の小さい範囲では，放物線で与えられるポテンシャル曲線に沿った運動をするものと近似できる．このような放物線で与えられるポテンシャル内で運動する粒子を調和振動子（harmonic oscillator）とよぶ．各原子の受ける力は，ポテンシャル曲線を微分したものに等しいから $k(r-r_0)$ である．すなわち，変位に比例した復元力を受けている．比例定数 k は力の定数（force constant）とよばれる．k が大きいほどポテンシャル曲線は急な勾配となる．

ここで，質量 m_1 と m_2 の二つの原子よりなる二原子分子が式（7・12）のポテンシャルのもとでどのような振動をするかを考えてみよう．重心に座標の原点をとり，質量 m_1, m_2 の原子までの距離をそれぞれ r_1, r_2 とすると，各原子については次の運動方程式がなりたつ．

$$\begin{aligned} m_1 \frac{d^2 r_1}{dt^2} &= f = -k(r-r_0) \\ m_2 \frac{d^2 r_2}{dt^2} &= f = -k(r-r_0) \end{aligned} \qquad (7\cdot13)$$

$r_1 + r_2 = r$ であり，重心の定義から，式（7・5）を式（7・13）に代入すると

$$f = \frac{m_1 m_2}{m_1 + m_2} \frac{d^2 r}{dt^2} = -k(r-r_0) \qquad (7\cdot14)$$

となる. $m_1m_2/(m_1+m_2)$ を μ で置き換え,さらに,r_0 が一定であることを考慮すると,式(7・14)は次式のように書かれる.

$$\mu\frac{d^2(r-r_0)}{dt^2} = -k(r-r_0) \qquad (7\cdot15)$$

μ は換算質量である.ここで,$r-r_0$ を x とおくと,式(7・15)は次式となる.

$$\mu(d^2x/dt^2) = -kx \qquad (7\cdot16)$$

この式は,質量 m を換算質量 μ で置き換えた以外,単一粒子が調和振動している場合の方程式と同じである.そこで,質量 m の場合の調和振動子に対する Schrödinger 方程式の解における m を μ に置き換えることで,量子力学的振動エネルギー準位は次式のように与えられる.

$$E_{\text{vib}} = \left(v+\frac{1}{2}\right)\frac{h}{2\pi}\sqrt{\frac{k}{\mu}} \qquad (v=0,1,2,3,\cdots) \qquad (7\cdot17)$$

ここで,v は振動の量子数である.この式によると,エネルギー準位は等間隔に配置されている.$v=0$ の基底状態でも $(h/4\pi)(k/\mu)^{1/2}$ のエネルギーをもち,振動は静止していないことを示しており,これを零点エネルギーとよぶ.$\Delta v = +1$ の遷移により吸収される電磁波の振動数を ν とすると,式(7・17)から

$$\begin{aligned} E_{v+1} - E_v &= h\nu = (h/2\pi)\sqrt{k/\mu} \\ \nu &= (1/2\pi)\sqrt{k/\mu} \end{aligned} \qquad (7\cdot18)$$

波数で表すと

$$\tilde{\nu} = (1/2\pi c)\sqrt{k/\mu}$$

となる.ν および $\tilde{\nu}$ は力の定数 k の平方根に比例し,換算質量 μ の平方根に反比例する.

図 7・8 にも示したように,振動の振幅が小さい間は分子のポテンシャル曲線は放物線形をとり,振動は調和振動とみなせるが,それは一つの近似にすぎず,分子の振動が激しい状態ではポテンシャルエネルギーは放物線近似から大きくずれてしまい,真のポテンシャルは放物線より緩やかに変化する.したがって,エネルギー間隔は等間隔ではなく,図 7・8 に示したように,振動エネルギー準位間 v_i と v_{i+1} の間の間隔は,v_i が大きくなるにつれてしだいに接近す

ることが予想される．よい近似でエネルギーを計算するには，放物線より実際のポテンシャル曲線に近い関数が用いられる．

振動する分子と電磁波との相互作用において，H_2, N_2, O_2 のように同じ原子からなる等核二原子分子の場合には電気双極子モーメントはなく，また振動により新たに生ずることもないので，電磁波の振動電場成分ととくに相互作用を起こさない．電磁波の吸収や放射は，振動により電気双極子モーメントの変化する異核二原子分子に限られる．また，振動の場合の選択則は

$$\Delta v = \pm 1 \tag{7・19}$$

である．これは遷移により，光子と分子を含む全系の角運動量が保存されるということに関連している．

振動準位間の遷移が観測されると，式 (7・18) から力の定数が求まる．たとえば，四塩化炭素に溶かした CO 分子は赤外線領域の $2\,135.8\;\mathrm{cm}^{-1}$ に吸収を示す（図 7・9）．この吸収は C—O 間の振動にかかわる吸収で，CO に対する換算質量 $1.14 \times 10^{-26}\;\mathrm{kg}$ を用いて式 (7・18) から力の定数が $1840\;\mathrm{N\;m^{-1}}$ と求まり，通常の三重結合よりも強いことがわかる．表 7・1 にいくつかの結合に対して求められた力の定数を示す．この表には二原子分子以外の多原子分子に含まれる結合の力の定数も合わせて示した．多原子分子の振動スペクトルについては後で述べる．

CO 分子以外のほかの分子の場合にも，振動準位間の遷移に伴う電磁波の吸収が赤外線領域で観測されるが，室温では $kT \approx 200\;\mathrm{cm}^{-1}$ なので，各振動準位

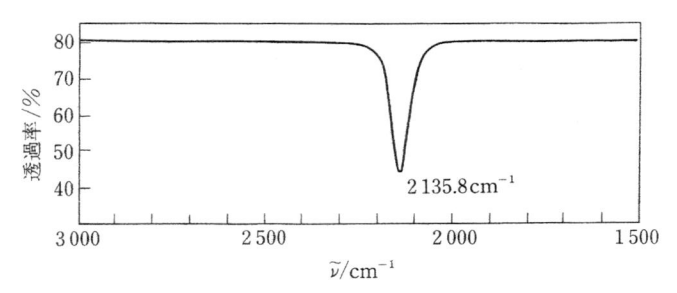

図 7・9　四塩化炭素に溶かした CO の赤外スペクトル

表 7・1 化学結合の力の定数

結合	分子	力の定数 k / N m^{-1}	結合	分子	力の定数 k / N m^{-1}
H—F	HF	966	H—C	C_2H_4	510
H—Cl	HCl	516	H—C	C_2H_2	590
H—Br	HBr	412	C—C		450〜 560
H—I	HI	313	C=C		950〜 990
C—O	CO	1840	C≡C		1560〜1700
N=O	NO	1530	N—N		350〜 550

への分子の分布を Boltzmann 分布則から考えると，ほとんどの分子は振動の基底状態にある．したがって，赤外線の吸収によって起こる遷移は $v=0$ から $v=1$ への遷移である．

7・4 振動回転スペクトル

気相における二原子分子の振動スペクトルを高分解能のもとで観測すると，図7・10に示すように多数の線からなることがわかる．これは，振動の遷移に伴って回転遷移も励起されるために生じたものと解釈される．振動遷移によるエネルギーは回転遷移に比べてはるかに大きいので，このようなことが可能になる．

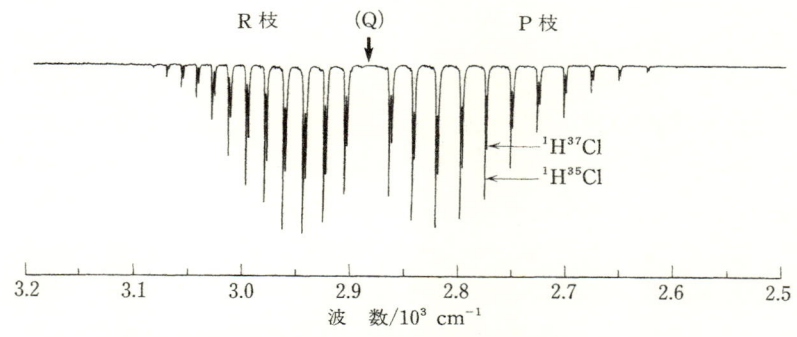

異なる同位体を含む分子 $^1H^{35}Cl$, $^1H^{37}Cl$ からのスペクトルが分離して観測されている

図 7・10 HCl 分子（気体）の高分解能振動回転スペクトル

この場合のエネルギー準位は，振動と回転準位の和として次式のように表される．

$$E_{v,J} = (v+1/2)(h/2\pi)\sqrt{k/\mu} + BJ(J+1) \tag{7・20}$$
$$(v=0, 1, 2, \cdots, J=0, 1, 2, \cdots)$$

B は式 (7・8) の回転定数である．より厳密に解析しようとすると，振動に対しては先に述べたように調和振動からのずれ，すなわち非調和性を考慮し，さらに原子間の振動の状態，すなわち振動準位により回転定数 B の値が変わり得るということも考慮しなければならない．

さて，ここでの遷移の選択則は $\Delta v=\pm1, \Delta J=\pm1$ である．実際には v に関しては，分子はすべて基底状態にあるので，$\Delta v=+1, \Delta J=\pm1$ である．$\Delta v=+1, \Delta J=-1$ の遷移に対応する吸収線を P 枝とよび，これは $\Delta v=+1, \Delta J=0$ に相当する遷移より低波数側に観測される．また $\Delta v=+1, \Delta J=+1$ の遷移に対応する吸収線は R 枝とよばれ，$\Delta v=+1, \Delta J=0$ の遷移より高波数側に現れる．HCl 分子などでは $\Delta v=+1, \Delta J=0$ に相当する遷移は禁制遷移となり観測されないが，$\Delta v=+1, \Delta J=0$ に相当する遷移を Q 枝とよんでいる．

以上のように高分解のもと赤外線領域で観測される振動・回転スペクトルから分子振動に関する情報に加え，P 枝または Q 枝のデータから，回転定数に関する情報を得ることが可能である．ただし，小さな分裂を大きな物差し（赤外線）を使って観測していることを，また振動状態で回転定数 B は変わることを念頭におくべきであろう．

溶液中では，分子間の衝突により分子は自由に回転できない．液体では分子どうしの衝突は $10^{13}\,\mathrm{s}^{-1}$ のオーダーで起こるので，分子の回転状態は衝突によって頻繁に変わる．そのため回転構造はぼやけ，振動スペクトルは幅広い線となり先鋭なスペクトル線の回転構造を示さなくなる．このような回転構造の消失は，以下に述べる多原子分子の場合でも，液体試料および回転の阻害されている固体試料ではつねにみられることである．

7・5 多原子分子の振動スペクトル

多原子分子の場合には，各原子はその平衡位置のまわりに振動しているので全体としては非常に複雑となるが，いくつかの振動モード（様式）に分類し，それらの重ね合せとして解析することができる．どのような振動のモードがあるかを考えてみると，二原子分子の場合には結合が伸び縮みする伸縮振動の一つに限られるが，N個の原子からなる直線分子では$3N-5$通りの振動モードが存在し，非直線分子では$3N-6$通りの振動モードが存在することになる．このことは，次のように考えればよい．すなわち，N個の原子の場合，原子の位置を決める座標は$3N$個あり，運動の自由度は全部で$3N$と考えられる．この自由度のうち，3個は各原子がすべて同じ方向に運動する並進運動に関するもので，さらに3個は三つの直交する軸まわりの回転運動に関するものである．直線分子では分子は2軸まわりだけに回転できるので，$3N$個の自由度のうち3個が並進運動に，2個が回転運動に割り当てられる．結局，直線分子では$3N-5$，非直線分子では$3N-6$個の振動モードが存在する．

直線分子の例としてCO_2分子について考えてみよう．振動モードは$N=3$として，$3\times3-5=4$個存在する．図7・11に示すように，二つはC—O結合の伸縮に関係するものであるが，そのうちの一つは二つのC—O結合が対称的に伸縮運動するので，対称伸縮振動 (symmetric stretching vibration) とよんで

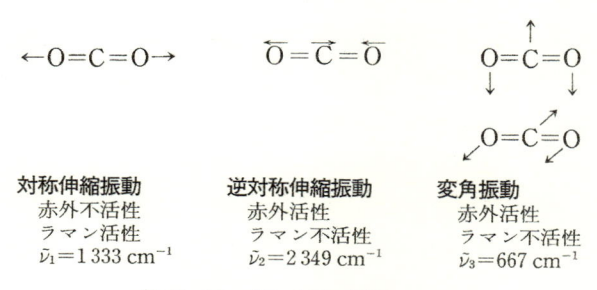

対称伸縮振動
赤外不活性
ラマン活性
$\bar{\nu}_1=1333\text{ cm}^{-1}$

逆対称伸縮振動
赤外活性
ラマン不活性
$\bar{\nu}_2=2349\text{ cm}^{-1}$

変角振動
赤外活性
ラマン不活性
$\bar{\nu}_3=667\text{ cm}^{-1}$

図 7・11　CO_2分子の振動モード

対称伸縮振動
赤外活性
ラマン活性
$\tilde{\nu}_1 = 3\,657\ \mathrm{cm}^{-1}$

変角振動
赤外活性
ラマン活性
$\tilde{\nu}_2 = 1\,595\ \mathrm{cm}^{-1}$

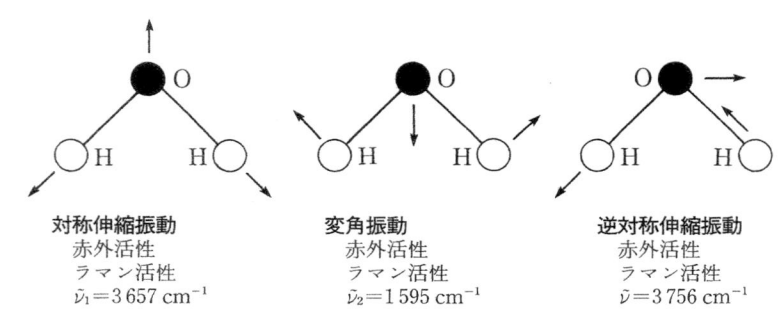

逆対称伸縮振動
赤外活性
ラマン活性
$\tilde{\nu} = 3\,756\ \mathrm{cm}^{-1}$

図 7・12　H_2O 分子の振動モード

いる．もう一つは，一方のC—Oがのびたときは他方が縮むような振動で，逆対称伸縮振動（asymmetric stretching vibration）とよばれる．4個の振動モードのうちの残り二つは，O—C—Oの角度が変わる変角振動（bending vibration）であり，直交する二つの方向に関して二つのモードがある．これらの振動は互いに独立で，ほかに影響を及ぼさない．これらは基準振動（normal modes of vibration）とよばれる．

また，水分子は非直線分子なので，$N=3$ として $3N-6$ により3種の振動モードが考えられる．図7・12に示すように対称伸縮，変角振動，逆対称伸縮の3種である．

以上のような基準振動は独立な調和振動子のように振る舞い，それぞれについて振動エネルギー準位が考えられる．図7・11および図7・12のそれぞれの振動に対して観測された遷移エネルギーを波数単位でそれぞれの図に示した．しかし，ここで考えられる基準振動のすべてが赤外線吸収として観測されるわけではない．基準振動が赤外スペクトルとして観測されるためには，振動により電気双極子モーメントが変化するような振動でなければならない．二酸化炭素の対称伸縮振動は，双極子モーメントが0のまま変化しないので赤外線を吸収しない．これを赤外不活性（infrared inactive）という．CO_2, H_2O 分子のその他の振動は赤外活性（infrared active）であり，赤外スペクトルに観測される．

赤外不活性な CO_2 分子の対称伸縮振動は，どのようにして観測されるので

表 7・2 代表的な結合の特性振動数 $\bar{\nu}$

結合	$\bar{\nu}/\text{cm}^{-1}$	結合	$\bar{\nu}/\text{cm}^{-1}$
C—H 伸縮	2 850～2 960	O—H 伸縮	3 590～3 650
C—H 変角	1 340～1 465	水素結合OH	3 200～3 570
C—C 伸縮,変角	700～1 250	C=O 伸縮	1 640～1 780
C=C 伸縮	1 620～1 680	C≡N 伸縮	2 215～2 275
C≡C 伸縮	2 100～2 260	N—H 伸縮	3 200～3 500
CO_3^{2-}	1 410～1 450	C—F 伸縮	1 000～1 400
NO_3^{-}	1 350～1 420	C—Cl 伸縮	600～ 800
NO_2^{-}	1 230～1 250	C—Br 伸縮	500～ 800
SO_4^{2-}	1 080～1 130	C—I 伸縮	500
ケイ酸塩	900～1 100		

あろうか.分子の振動を観測するために,赤外線の吸収を測定する以外に 7・1・3 項で述べたラマン効果がしばしば利用される.

ラマンスペクトルで観測される振動モードは赤外スペクトルの場合と異なり,振動によって分子の分極率（polarizability）［式 (5・1) 参照］が変化するような振動のみが観測される.したがって,図 7・11 に示した CO_2 分子においては,対称伸縮振動は分極率を変化させるが,その他の振動は変化させない.そこで,赤外スペクトルでは観測されなかった対称伸縮振動がラマンスペクトルで観測されることになる.これに対し,非直線の H_2O 分子では三つの基準振動はいずれも分極率が変わるので,二つの基準振動すべてが赤外スペクトルにも,ラマンスペクトルにも活性である.

このように,赤外スペクトルとラマンスペクトルは相補的に利用することができるが,これらは分子の振動状態を知るだけではなく,CO_2 と H_2O 分子の例でもわかるように,分子の構造を知るうえにも有用である.

一方,化合物が複雑になると,振動スペクトルも非常に複雑になるが,化合物が変わっても,基や結合の種類に応じて,ある特定の振動数領域にそれぞれの基や結合に特徴的な振動数をもつスペクトル線が観測される.表 7・2 に数種の基や結合の特性振動数（characteristic frequency）を示す.これらを利用して分子内に含まれる基や結合を同定することができる.

図 7・13 に一例として酢酸エチルの赤外スペクトルを示した.$2985\ \text{cm}^{-1}$ に極大をもついくつかの吸収線は CH_2 と CH_3 の CH 伸縮振動である.1742

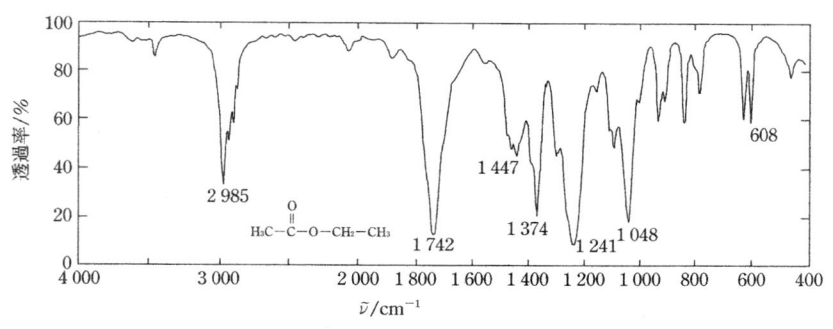

図 7・13 酢酸エチル（液体）の赤外スペクトル

cm^{-1} は C=O 伸縮振動，1241 と 1048 cm^{-1} の吸収は C—O—C の逆対称と対称の伸縮振動で，いずれも強く現れている．1450〜1370 cm^{-1} の領域は CH$_2$ と CH$_3$ の変角振動である（1000 cm^{-1} よりも低波数側には主鎖骨格の変角振動や CH$_2$ の横ゆれ振動が現れる）．振動スペクトル法は物質の同定，鑑識や定量分析に広く利用されている．

7・6 電子スペクトル

　分子内の電子エネルギー準位間の遷移による吸収スペクトル，すなわち電子スペクトルは紫外・可視光線の領域で観測される．電子のエネルギー準位の分裂は kT に比べてはるかに大きいので，分子は通常エネルギーのもっとも低い基底状態にあって，紫外線や可視光線を吸収して，エネルギー準位の高い励起状態に励起される．紫外・可視部領域のスペクトルは，分子内の電子状態を知るよい手掛りである．

　分子内で電子遷移が起こるとき，これに伴って振動準位間の遷移が付随して起こる．振動遷移はそれ自身回転遷移を伴っているから，気体試料の電子スペクトルは非常に複雑なものとなる．しかし，液体や固体の試料では，前にも述べたように回転準位はぼやけ，線幅が広くなるとともに，各遷移のスペクトル線は互いに重なり合って，図 7・14 の例に示すような先鋭な線に分かれないス

7・6 電子スペクトル   145

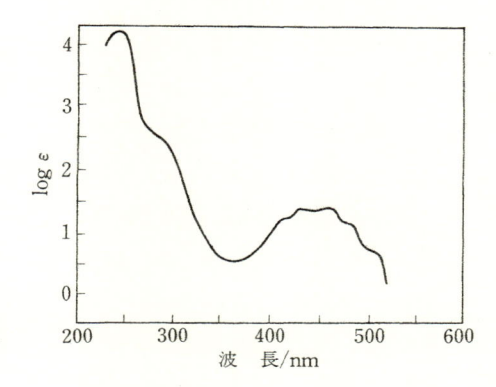

ε：分子吸光係数
図 7・14 p-ベンゾキノンの石油エーテル溶液の紫外可視吸収スペクトル

ペクトルとなる場合が多い．

　まずはじめに，二原子分子の電子遷移について考えてみよう．図7・15に，基底状態と励起状態のポテンシャルエネルギー曲線を模式的に示す．各電子状態に属する振動のエネルギー準位を描き加えてある．電子の励起によって，電子はより反結合的性格をもつ軌道へ移るので，結合距離がのびる場合が多い．図のエネルギー極小の位置は，平衡核間距離に相当するが，電子の励起により核間距離が長くなる場合を想定して描いてある．

　基底状態では，電子は基底電子状態の最低振動準位に分布しているが，光を

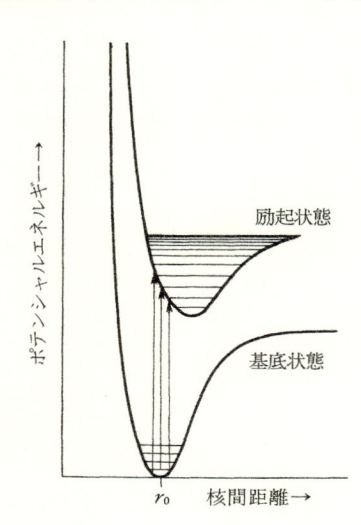

図 7・15 二原子分子の基底状態および励起状態のポテンシャルエネルギー曲線と基底電子状態から励起電子状態への遷移

吸収して矢印のような遷移を起こし，電子励起状態の各振動準位の状態に変わる．電子の動きは原子核の運動に比べてはるかに速い．したがって，電子状態の遷移の過程では原子核の位置は変わらないとみてよく，電子遷移は図 7・15 に示したように垂直な線に沿って起こる．これを Franck–Condon の原理とよんでいる．基底状態と励起状態のポテンシャル極小点がずれていれば，電子基底状態のもっとも安定な準位から励起状態のもっとも安定な準位に直接移るわけではない．

さてここで，ホルムアルデヒド $H_2C=O$ の電子遷移について考えてみよう．電子遷移にかかわるホルムアルデヒド分子の分子軌道を模式的に図 7・16 に示す．この分子には $C=O$ 結合上にある電子の 2 個入った結合性 π 軌道から，電子の入っていない反結合性 π 軌道（通常これを π^* と表記する）への電子遷移が存在し，185 nm 付近の紫外部で観測される．このような遷移を $\pi \to \pi^*$ 遷移とよんでいる．一方，カルボニル基の酸素には，結合に直接関与していない 2 組の非共有電子対 n_a と n_b が存在しているが，この電子のうちの 1 個が励起されて，カルボニル基の π^* 軌道に移る $n \to \pi^*$ 遷移が存在する．ホルムアルデヒドでは $n \to \pi^*$ 遷移が 270 nm 付近に観測されるが，この遷移は禁制遷移で吸収強度は弱い．一般に，$n \to \pi^*$ 遷移は禁制であることが多く，吸収は弱い．以上のほか，ホルムアルデヒドには σ 結合を形成する電子の満ちた σ 軌道から反結合性の電子の入っていない σ^* 軌道への遷移（$\sigma \to \sigma^*$ 遷移）や，非共有電子対から σ^* 軌道への遷移（$n \to \sigma^*$ 遷移）なども予測されるが，これらはよ

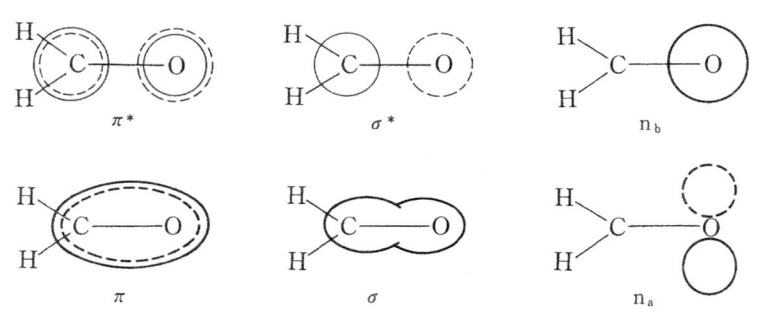

図 7・16　ホルムアルデヒドの $C=O$ 結合にかかわる電子密度の分布域

り短波長に位置すると考えられる.

一般に,共役結合を含む化合物では $\pi \to \pi^*$ 遷移が紫外部から可視部領域での光の吸収源になっている場合が多い.そして一般には,共役系が長くなると,吸収スペクトルは長波長側に移る傾向をもつ.たとえば,$(CH_3)_2\overset{+}{N}=CH(CH=CH)_nN(CH_3)_2$ の系では,$n=1$ のときの吸収極大は 309 nm,$n=2$ では 409 nm,$n=3$ では 509 nm と長波長に移動する.2章で一次元の箱の中を運動する粒子の問題を考えたさい,粒子の運動領域が長くなるとともに,エネルギー準位の間隔が小さくなることを示した.上の例で炭素鎖が長くなるとともに,最低励起遷移がよりエネルギーの小さいほうに移動することは,この一次元の箱の中を運動する粒子の問題を思い出すと,定性的ではあるがうなずけるであろう.

次に,電子遷移における電子スピンの問題を考えてみよう.電子が一つの軌道に2個入るときには,反対向きのスピンをもつ状態で入ることはすでに述べた.偶数個の電子が2個ずつ軌道に収まった状態を一重項状態(singlet state)という.この状態では,スピン角運動量の総和は0で,磁場などの特定の場を加えても単一の状態しか存在しない.

1個の電子が励起されて生じた励起状態では,電子スピンの向きは先の基底状態の場合と変わらず,スピン角運動量の総和が0の一重項状態 S_1 と,一つの軌道から励起された電子が,同じ軌道に残された電子とスピンを同じ方向に向け,正味 $S=1$ にあたる角運動量をもつ状態が存在する.このような状態を三重項状態 T_1 (triplet state)とよぶ.これはスピン角運動量の空間内でのある特定方向成分が $\hbar, 0, -\hbar$ の三つの状態をもち得るからである.電子遷移にさいし,一重項状態にある基底状態 S_0 から励起一重項状態 S_1 への遷移は許容であるが,励起電子のスピンの方向が変わる励起三重項状態 T_1 への遷移は禁制である.

図 7・17 に示すように,電子励起にさいしていくつかの振動状態に励起された各分子は,まわりの溶媒分子との衝突などにより,それらの分子の熱運動を励起し,代わりに自らはエネルギーを失って最低の振動準位まで落ちてくる.これを無放射失活(radiationless deactivation)とよぶ.この後はエネルギー

図 7・17 蛍光への過程

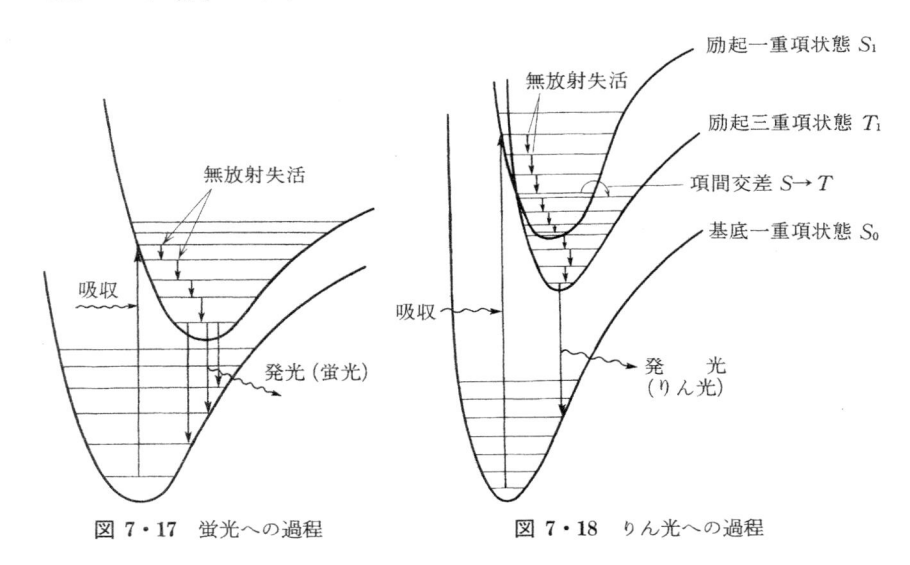

図 7・18 りん光への過程

を光として放射して基底状態に戻るが，この変化は Franck–Condon の原理に従って垂直に起こり，一連のスペクトル線を示す．これが蛍光スペクトル (fluorescence spectrum) である．

これに対し，励起一重項状態 S_1 と励起三重項状態 T_1 とのポテンシャル曲線が交差しているようなときには，励起一重項状態から励起三重項状態に変わる場合がある（図 7・18）．このような変化を項間交差 (intersystem crossing) とよんでいる．一重項から三重項への変化は禁制であるが，スピン-軌道相互作用とよばれる相互作用がこの変化を可能にしている．励起三重項状態に移った分子は先に述べたように，最低の振動準位までエネルギーを失って落ちる．この後は蛍光のように，光としてエネルギーを失い基底状態に戻る．この場合，一重項-三重項間の遷移は禁制であるが，スピン-軌道相互作用により禁制が破れ，低い遷移確率のもと分子はゆっくりエネルギーを光として放射して基底状態に戻ることになる．これがりん光 (phosphorescence) である．蛍光と違って，りん光は光の吸収による励起の後，長い時間にわたって光の放出がつづく．蛍光スペクトルもりん光スペクトルも分子の励起状態の重要な情報源であるが，これらの励起状態は光化学反応の起動源でもある．とくに寿命の長いり

ん光状態が関与する例は非常に多い．

7・7　電子スピン共鳴

1個の電子を考えてみよう．電子はスピン角運動量をもち，空間内で二つの異なる配向をもち得ること，すなわち $m_s=+1/2$ の状態と，$m_s=-1/2$ の状態があること，さらにこのようなスピン運動に伴って電子は磁気モーメントをもつことを3章で述べた．外からの磁場が加わらないときには，電子スピンのこのような状態の間にはエネルギーの差はない．しかし磁場を加えると，$m_s=+1/2$ と $m_s=-1/2$ の二つの状態に対応して，電子のもつ磁気モーメントは磁場に対し二つの異なる向きをとり，このため m_s の値により異なるエネルギーをもつことになる．これをゼーマン分裂（Zeeman splitting）とよぶ．

電子スピンによる磁気モーメントの大きさ μ は，スピン角運動量の大きさに比例する $\mu=-g_e\mu_B\sqrt{S(S+1)}$ の大きさをもち[*1]，したがって，磁場方向の成分は $\mu_z=-g_e\mu_B m_s$ $(m_s=\pm 1/2)$ である，ここで負の符号（負の磁気モーメント）はスピンによる磁気モーメントがスピン角運動量と反対方向を向くことを意味する．g_e は自由電子の g 因子といい，2.002320 の値をもち，また μ_B は Bohr 磁子（Bohr magneton）$e\hbar/2m_e=9.274015\times 10^{-24}$ J T^{-1} で磁気モーメントの量子力学単位，T は磁束密度の単位 1 tesla(T) $=1$ kg s^{-2} A^{-1} $=1$ J C^{-1} m^{-2} s $=1\times 10^4$ gauss(G) である．

ここで外部磁場の強さ（磁束密度）を B とすると[*2]，磁場との相互作用エネルギーは μ_z と B の積で表され，

$$E_{ms} = -\mu_z B = g_e\mu_B m_s B \quad (m_s = \pm 1/2) \qquad (7\cdot 21)$$

となる．$m_s=-1/2$ の状態は $m_s=+1/2$ の状態より安定で，外から加えた磁

[*1] 実用的には，現実的に観測可能な最大の磁気モーメントの大きさ $-g_e\mu_B S (S=1/2)$ を電子スピンの磁気モーメントと定義している．そこで自由電子の磁気モーメント μ_e は $-9.2847701\times 10^{-24}$ J T^{-1} と与えられている．

[*2] 磁束密度 B と磁場の強さ H は $B=H\mu_m$ の関係にあり両者は同じではない．しかし，慣習的に B を"磁場の強さ"とよぶことが多い．μ_m は透磁率（magnetic permeability）である．

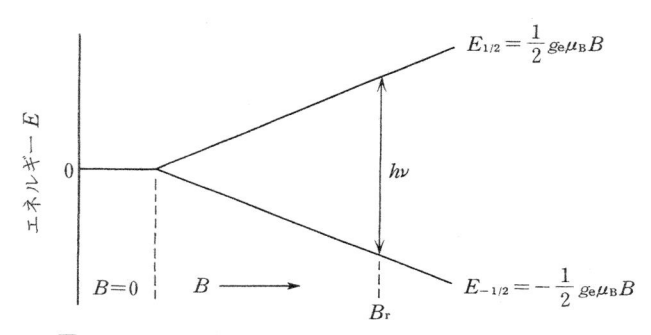

図7・19 電子スピンの磁場中でのエネルギー準位とESR

場の大きさに比例して二つのスピン状態のエネルギー差は大きくなる（図7・19）．すなわち

$$\Delta E = E_{1/2} - E_{-1/2} = g_e \mu_B B \qquad (7・22)$$

試料に周波数 ν の電磁波を加えて磁場の強さを調整し，$h\nu = g_e\mu_B B$ の条件を満たすようにすると，この電子スピンの系と電磁波の間にエネルギーのやりとりが可能になる．すなわち，$m_s = -1/2$ の状態は電磁波のエネルギーを吸収して，エネルギーの高い $m_s = +1/2$ の状態になる．これが電子スピン共鳴 (electron spin resonance, ESR)，または電子常磁性共鳴 (electron paramagnetic resonance, EPR) とよばれる現象である．これは，先に述べた電子スペクトルや，振動，回転スペクトルの場合と異なり，電子の磁気モーメントと，電磁波の振動磁場成分との相互作用によって起こる現象とみることができる．通常のESRの実験では9 400 MHz付近のXバンドとよばれるマイクロ波領域の電磁波を用いることが多い．多くのフリーラジカルでは，この場合共鳴磁場の強さは～0.33 Tの大きさをもつ．

次に，分子の系で考えてみよう．一つの電子軌道には $m_s = +1/2$ と $-1/2$ のスピン状態の異なる二つの電子が入ることになるが，分子内のすべての電子が対になって分子軌道内に収まった状態では，分子全体としてのスピン角運動量の総和は0になり，電子スピンによる磁気モーメントは分子全体として0になってしまう．このような場合には，ESRの観測の対象にはならない．ESRの対象となるのは，分子中に対になっていない電子，すなわち不対電子 (unpair-

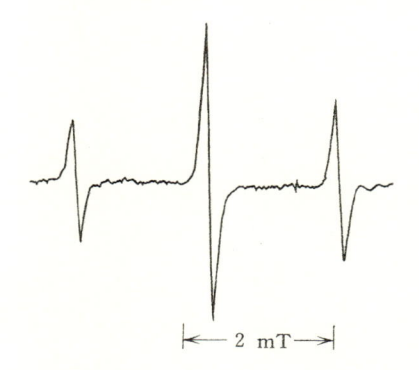

図 7・20　pH 1.03 の水溶液中での
$\dot{\text{C}}\text{H}_2\text{OH}$ ラジカルの ESR
スペクトル

|←— 2 mT —→|

ed electron) を含む分子または原子でなければならない．

　不対電子を含む化合物には，反応の過程で化学結合が開裂してできるラジカル（radical）や，多くの遷移金属錯体，あるいは酸素分子のように基底状態で2個の不対電子を含む三重項分子，あるいは光により励起されて生じた三重項状態などがある．

　例としてメタノールラジカル $\dot{\text{C}}\text{H}_2\text{OH}$ についてみてみよう．このラジカルは Ti^{3+} の酸性水溶液にメタノールを加えた溶液 A と，H_2O_2 水溶液 B を混合すると生成する．このラジカルは反応性が高く不安定なので，ESR スペクトルの観測は，上記 A と B の溶液を少しずつ混合しながら，ESR 分光器の試料室（共鳴空洞）に送り込んで測定を行う．図 7・20 の ESR スペクトルは pH 1.03 の強い酸性条件のもとで得られたラジカルのスペクトルである．マイクロ波周波数一定のもとで磁場を掃引して共鳴信号を観測したもので，磁場の関数としての信号が示されている．スペクトルはベースラインの上下二方向にのびる三つの信号からなっているが，これは測定のさいに吸収線形を一次微分の形で記録するようにしているためである．また，強さが 1:2:1 の強度比の三つの信号からなるのは，水素の原子核が磁気モーメントをもち，これが不対電子の磁気モーメントと相互作用をもつためであり，次のように理解される．

　すなわち，水素の原子核プロトンは量子数 I が 1/2 のスピン角運動量をもち，このため磁気モーメントをもつことになるが，電子スピンの場合と同じように，外部磁場に対して二つの配向をとることができる．電子スピンには外部

152　7　分子スペクトル

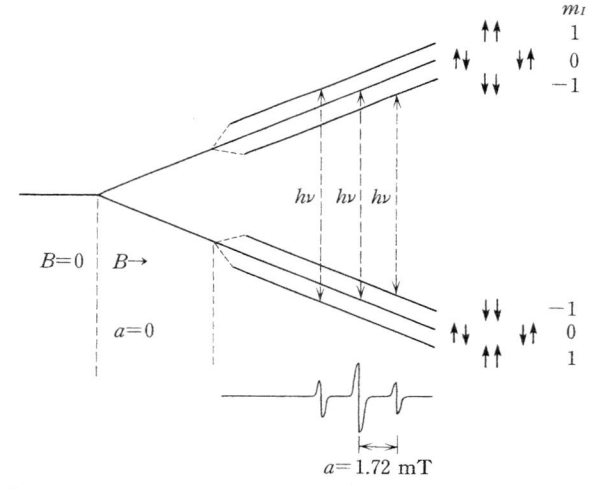

ĊH_2OH ラジカルでは CH_2 プロトンによる超微細分裂の大きさ a は 1.72 mT

図 7・21　2個の等価なプロトンと超微細相互作用している電子スピンのエネルギー準位と遷移

から加えた磁場に加えて，プロトンからの局所場が加わることになるが，核スピンの一つの配向は電子スピンに加わる磁場を増加させ，ほかは減少させる．そのため，1個のプロトンと相互作用をもつ系では，二つの異なる外部磁場で共鳴が起こることになり，ESR スペクトルは 2 本の信号となる．この場合，二つの異なる配向をとるプロトンの数はほぼ等しいので（7・8節参照），二つの ESR 信号強度は 1:1 となる．

　不対電子と相互作用をもつプロトンが二つあり，それがそれぞれ違った大きさの局所場を不対電子に与える場合には，ESR の信号線はさらに二つに分かれ，等強度の 4 本線となる．しかし，二つのプロトンが同じ大きさの相互作用を不対電子ともつ場合には，二つのプロトンの磁場内での配向の仕方は，図 7・21 に示すように，4 通りの組合せがある．これを磁場方向での磁気モーメントの総和からみると 3 通りの組合せとなり，その配向の多重度は 1:2:1 となって，スピン準位は図 7・21 に示すように分裂する．そこで，ESR 信号は

1:2:1の強度をもつ3本線になる.このような不対電子と核スピンとの相互作用を超微細相互作用 (hyperfine interaction) とよんでいる.

先に示したメタノールラジカルでは,不対電子はおもに炭素の2p軌道上に存在し,この炭素に直接結合する2個の水素との超微細相互作用により,ESRスペクトルは1:2:1の3本線となったのである.3本線の分裂の大きさはラジカルの化学構造によって異なり,超微細相互作用の大きさを反映しているので,ラジカル分子の構造を知るための重要なパラメーターである.

さて,先の説明において ESR の共鳴条件を $h\nu = g_e\mu_B B$ とした.しかし,分子のもつ磁気モーメントは,電子のスピン運動によるもののみではなく,軌道運動による磁気モーメント,すなわち軌道角運動量の寄与が無視できない場合が多い.これにより共鳴を起こす磁場が変わる.そこで,一般の分子では,超微細相互作用を考えないときの共鳴条件を $h\nu = g\mu_B B$ とし,g を g 因子,g 値などとよび,分子によって決まる実験的パラメーターとして扱う.多くの有機ラジカル分子の g 値は g_e に近い値をもつ.しかし,遷移金属化合物などではこの値から大きくずれる場合も少なくない.g 値も分子の構造や電子状態を考えるうえで有用な情報源である.

7・8 核磁気共鳴

前節で,水素の原子核すなわちプロトンは磁気モーメントをもつことを述べた.プロトン以外にも核の自転運動による運動量すなわちスピン角運動量をもつ核は,磁気モーメントをもっている.しかし,すべての核がスピン角運動量をもつとは限らない.一般の核は,複数個のプロトンと中性子の集合体であり,それらのスピン角運動量の総和が ^{12}C や ^{16}O のように0である場合もあるからである.代表的な磁気モーメントをもつ核の核磁気モーメント,スピン量子数などを表7・3に示す.

核のスピン角運動量は,静磁場のなかで $2I+1$ の異なる配向をとる.すなわち,スピン角運動量の磁場方向成分の量子数を m_I とすると,m_I のとり得る値は $I, I-1, \cdots, -I$ の $2I+1$ 通りである.水素の原子核プロトンの場合には

表 7・3 核スピンの特性

同位体 (†は放射性)	天然存在率 %	スピン I	磁気モーメント μ^* (単位 μ_N)	1Tにおける NMR周波数 MHz
^{1}H	99.9844	1/2	2.792704	42.577
^{2}H	0.0156	1	0.85738	6.536
^{3}H†	—	1/2	2.9788	45.414
^{13}C	1.108	1/2	0.70216	10.705
^{14}N	99.635	1	0.40357	3.076
^{17}O	0.037	5/2	-1.8930	5.772
^{19}F	100	1/2	2.6273	40.055
^{31}P	100	1/2	1.1305	17.235
^{33}S	0.74	3/2	0.64274	3.266

* $\mu = g_N \mu_N I$.

$I=1/2$ であるから，$m_I=1/2, -1/2$ に対応して 2 通りの配向をとることは前節ですでに述べた．^{14}N は $I=1$ で，$m_I=1, 0, -1$ に対応して 3 通りの配向が考えられる．核スピンの磁場中でのエネルギーは，核スピンの磁場中での配向の違いに応じて異なるエネルギーをとり，またエネルギーの大きさは，電子スピンの場合と同じように，核による磁気モーメントの磁場方向成分 $\mu_z = g_N \mu_N m_I$ と磁場の大きさ（磁束密度）B との積により与えられる．

$$E_{m_I} = -\mu_z B = -g_N \mu_N m_I B \tag{7・23}$$

ここで g_N は核の g 因子 (g factor) で核により定まる定数，$\mu_N (=|e|\hbar/2m_p = 5.050787 \times 10^{-27}\,\mathrm{J\,T^{-1}})$ は核磁子 (nuclear magneton) で，核の磁気モーメントの量子力学的単位である．プロトンの場合，スピン角運動量と磁気モーメントは同じ方向を向き，電子スピンの場合と逆の正の磁気モーメントもつことに注意しよう．また，中性子は負の磁気モーメントをもつため，核の構成によっては負の磁気モーメントをもつ核も存在する．式 (7・23) から，m_I の一つ異なる状態間のエネルギー差は次式で与えられる．

$$\Delta E = g_N \mu_N B \tag{7・24}$$

これに相当するエネルギーの電磁波を与えると共鳴が起こり，電波が吸収される．これが核磁気共鳴 (nuclear magnetic resonance, NMR) の現象である．

例として ^{1}H 核の場合を考えてみよう．^{1}H 核すなわちプロトンはすべての原子核のなかで最大の磁気モーメントをもっているが，それでもその磁気モー

7・8 核磁気共鳴　155

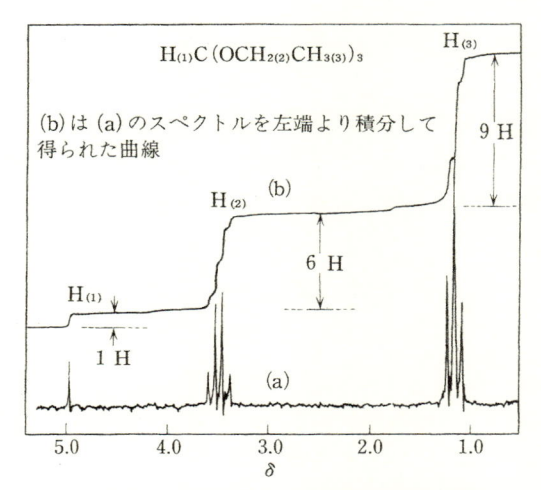

図 7・22　オルトギ酸エチルの四塩化炭素溶液の
^{1}H-NMR スペクトル

メントの大きさは,電子スピンの場合の約 1/1000 で,したがって磁場によるスピン準位の分裂は電子スピンの場合の約 1/1000 であり,磁場の強さ 1.5 T のときでも,吸収する電磁波は ESR の場合より波長のはるかに長い,すなわち周波数の低い約 60 MHz のラジオ波領域で共鳴が起こる.このようなスピン準位の分裂のもとで,$m_I=1/2$ と $m_I=-1/2$ の状態の各準位間に分布するプロトンの数の比は式 (7・3) から 1.00001 となり,両者の差は非常に小さいことがわかる.

図 7・22 にオルトギ酸エチル $HC(OCH_2CH_3)_3$ について測定された ^{1}H-NMR スペクトルを示す.このスペクトルは 60 MHz の一定の周波数のラジオ波を用い,磁場を 1.5 T 付近で掃引して,ラジオ波の吸収を磁場の関数として測定している(横軸の単位は後述).NMR の測定には,磁場を一定に保ち,ラジオ波周波数を掃引してラジオ波の吸収を観測する方法がとられることもある.これらの連続波法(CW 法)とよばれる測定法とは別に,一定磁場のもとラジオ波をパルス的に加えるパルス NMR(または FT-NMR)の方法が普及してきたが,この方法についてはここでは省略する.

図 7・22 の NMR スペクトルには,三つのグループに分かれた信号がある.

NMR信号強度は核の数に比例するが，図には通常のNMRスペクトルに合わせて，低磁場側（スペクトル左側）から順に各信号の強度を積算していって得られたNMRの積算強度曲線が示してある．この階段様に変わる曲線の階段の高さの相対比から等価なプロトンの数を推定することができる．図では，低磁場側の信号から順にプロトンの比は1:6:9となるので，それぞれCHプロトン，CH_2プロトン，CH_3プロトンと同定できる．

図7・22に示したように，NMR信号は分子内でのそれぞれのプロトンのおかれた状況に応じて違った磁場強度で観測されるが，このことは，NMRの化学への応用を考えるうえできわめて有用な特長である．このような化学的環境の違いによる共鳴信号位置のずれを化学シフト（chemical shift）とよんでいる．この化学シフトは，外から加えた磁場が核をとりまく電子によりしゃへいされ，核に対しそれぞれ異なる磁場が加わっていることから生じている．

分子を構成する電子が，どのようなしゃへいの効果をもつかには種々の因子が考えられるが，その一つは核をとりまく電子密度である．近くに電子求引性の置換基や原子がある場合には，プロトン上の電子密度は小さくなり，外部磁場のしゃへいは小さくなる．また逆に，電子密度が大きくなればしゃへい効果は大きくなる．このようなプロトンの分子内のおかれた環境に応じた共鳴位置の変化は，外部磁場の大きさの約10^{-6}（1 ppm）のオーダーであり，次式のように表されている．

$$\delta = \frac{B_{標準} - B_{試料}}{B_{標準}} \times 10^6 \qquad (7 \cdot 25)$$

ここで，$B_{標準}$，$B_{試料}$は標準試料，測定対象試料の共鳴磁場で，^{1}H-NMRでは標準信号としてテトラメチルシラン$(CH_3)_4Si$（TMS）の信号を用いることが多い．

一方，図7・22のスペクトルにおいて，CH_2，CH_3プロトンによる信号はそれぞれ4本および3本に分裂している．これは，CH_2，CH_3各プロトン間どうしの磁気的相互作用によるもので，スピン-スピン結合（spin-spin coupling）による微細構造とよんでいる．CH_3プロトンの信号がCH_2プロトンとの相互作用によりなぜ3本に分かれるかは，前節においてESR信号が等価な2個のプ

7・8 核磁気共鳴   157

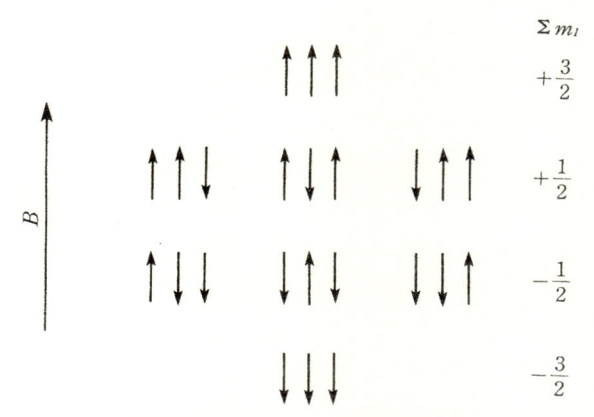

Σm_I

$+\dfrac{3}{2}$

$+\dfrac{1}{2}$

$-\dfrac{1}{2}$

$-\dfrac{3}{2}$

図 7・23 3個のプロトン（$I=1/2$）の磁気モーメントの磁場中での可能な配向

ロトンとの相互作用により，1:2:1の強度比の3本線に分裂したのと似た現象である．2個のプロトンのスピンの磁場内での配向には，図7・21に示したように4通りの組合せがあるが，スピン角運動量の磁場方向成分の大きさからみると3通りとなり，1:2:1の多重度をもつことに関連する．

CH_2プロトンのCH_3プロトンとの相互作用による4本線への分裂は，同じように，CH_3の三つのプロトンのスピンの磁場内での配向には8通りの組合せがあるが（図7・23），スピン角運動量の磁場方向成分の大きさとしては4通りであり，1:3:3:1の多重度をもつと考えればよい．CHプロトンがスピン-スピン結合による分裂を示さないのは，ほかのプロトンと離れており，スピン-スピン結合が小さいためである．スピン-スピン結合の大きさは，分子内での各プロトンの相対的配置関係を知るのに非常によい情報源である．

図7・22の分子において，それぞれのプロトンの近傍にある炭素^{12}Cや酸素^{16}Oは核スピンをもたないので，スピン-スピン結合による分裂を示さない．また，化学シフトの同じプロトンどうしのスピン-スピン結合は，NMRスペクトルに分裂として現れてこない．したがって，CH_2プロトンどうし，CH_3プロトンどうしの相互作用は，図7・22のスペクトルには現れていない．

一方，スピン-スピン間で相互作用し合っているプロトンの化学シフトの差

が，スピン-スピン相互作用の大きさに比べて大きいときには，スピン-スピン相互作用による分裂は上で述べたように単純なルールで説明されるが，化学シフトの差が小さくなるとともにその分裂のパターンは複雑になる．このような意味で，化学シフトの差をできるだけ大きくして観測できるように，強い磁場，高いラジオ波周波数のもとで実験することは有意義である．

NMR は ^{1}H 核以外にも，^{13}C をはじめ，その他の核についても観測が可能であり，上で示したように，分子の同定や，構造の研究に利用されるほか，化学反応や化学平衡の研究にも広く用いられている．

問 題

7・1 次の分子の中でどれが純回転マイクロ波スペクトルを与えるか．
　　HCl, N$_2$, CO$_2$, OCS, H$_2$O, CH$_4$, CH$_3$Cl, CH$_2$=CH$_2$, CH$_2$Cl$_2$

7・2 直線状三原子分子 ^{16}O^{12}C^{32}S のマイクロ波スペクトルに 24.32592 GHz ($J=1\to2$), 36.48882 GHz ($2\to3$), 48.65164 GHz ($3\to4$), 60.81408 GHz ($4\to5$) の遷移が観測され，また ^{16}O^{12}C^{34}S に対しては 23.73233 GHz ($J=1\to2$), 47.46240 GHz ($3\to4$) が観測された．

　(a) ^{16}O^{12}C^{32}S および ^{16}O^{12}C^{34}S の回転の慣性モーメントを求めよ．
　　（それぞれの核種の質量は ^{16}O : 15.9949, ^{12}C : 12, ^{32}S : 31.9721, ^{34}S : 33.9679 である）

　(b) 同位体置換により結合距離は変わらないと仮定して，求めた慣性モーメントを用いて OCS における C—O と C—S の結合距離を求めよ．

7・3 ^{1}H^{19}F, ^{1}H^{35}Cl 分子はそれぞれ 4138.5 cm^{-1} および 2988.7 cm^{-1} の基準振動数をもつ．これよりそれぞれの分子の力の定数を求めよ．またこのデータをもとにそれぞれの重水素化物の基準振動数を予測せよ（それぞれの核種の質量は ^{1}H : 1.0078, ^{2}H : 2.0141, ^{19}F : 18.9984, ^{35}Cl : 34.9689 である）．

7・4 C—X—Y 直線型および屈曲型構造分子の可能な基準振動のそれぞれについて，赤外およびラマン活性を考え，本文中記載の X—Y—X 直線型 (CO$_2$) および屈曲型 (H$_2$O) 分子の場合と比較せよ．

7・5 CO 分子の電子遷移による吸収が紫外部の 150 nm 付近に観測される．この吸収帯には基底電子状態の振動基底準位から励起電子状態の各振動励起状態への遷移を含み，遷移の周波数差から，励起電子状態での振動準位間隔が 1518 cm^{-1} と観測されている．CO 分子の励起電子状態での力の定数を求め，本文中に示した基底状態での力の定数と比較せよ．

7・6 メチルラジカル・CH$_3$ の超微細分裂定数 a は 2.28 mT である．・CH$_3$ および ・CD$_3$（D は $I=1$）の ESR スペクトルの超微細構造を予測せよ．これらラジカルのスペクトルの全体の広がりはいくらか．H の g_N 値 5.585，D の g_N 値は 0.8574，その他核スピンの特性は表 7・3 に示してある．

7・7 ブタジエンを還元して得たブタジエンアニオンラジカルは，不対電子をその π 軌道に含む π ラジカルの一種である．このラジカルの ESR スペクトルは 4 個の等価なプロトンによる 0.762 mT の分裂定数の超微細分裂と，0.270 mT の分裂定数の 2 個のプロトンによる超微細分裂を示す．これらの超微細分裂定数は，それぞれのプロトンと結合する炭素の p 軌道上の不対電子密度に比例すると考えられる．そこで，これらの超微細分裂定数をもとに，各炭素上の不対電子密度を求めよ．この場合の不対電子密度と超微細分裂定数間の比例定数はいくらとなるか．また，4・7 節に示したブタジエンの π 軌道の波動関数から予測されるブタジエンアニオンラジカルの不対電子密度を求め，ESR からのデータと比較せよ．

7・8 熱平衡状態にあるときの α スピンと β スピンの数の比は Boltzmann 式で与えられる．25℃，4.7 T の磁場中での ^{1}H 核の α スピンおよび β スピンの占有数差 $(N_\alpha - N_\beta)/(N_\alpha + N_\beta)$ を求めよ．また，同じ磁場中での ^{13}C 核の場合はどうか．

章末問題の解答

第2章

2・1 式 (2・3) より，$\lambda=250$ nm のとき電子の運動エネルギー $\left(\frac{1}{2}m_e v^2\right)=0.586 \times 10^{-19}$ J，$v=360$ km s^{-1}；$\lambda=150$ nm のとき運動エネルギー $=5.89\times 10^{-19}$ J，$v=1140$ km s^{-1}．

2・2 (a) 単位電荷をもつ粒子が 1 V の電圧で加速されたとき 1 eV ($=1.6\times 10^{-19}$ J) の運動エネルギーを得る．したがって，求める波長は $\lambda=12.3$ pm (分子や結晶中で回折効果を無視できなくなる波長をもち，電子線回折の実験が可能になる)． (b) $\lambda=6.63\times 10^{-29}$ m． (c) $\lambda=1.59\times 10^{-34}$ m．

2・3 (a) $\Delta p=1.71\times 10^{-25}$ m kg s^{-1}．∴ $\Delta x=3.85$ nm． (b) $\Delta x=7.95\times 10^{-33}$ m．

2・4 (a) $\Delta E=4.52\times 10^{-18}$ J，$\lambda=44.0$ nm． (b) $\Delta E=7.23\times 10^{-19}$ J，$\lambda=275$ nm． (c) $\Delta E=2.82\times 10^{-19}$ J，$\lambda=703$ nm．

2・5 $\Psi(x)^2 dx$ を必要領域で積分すればよい．積分には公式

$$\int_a^b \sin^2 kx\, dx = \int_a^b \frac{1}{2}(1-\cos 2kx)\, dx = \frac{1}{2}\left[x-\frac{1}{2k}\sin 2kx + \text{const.}\right]_a^b$$

の関係を利用する．

$$I = \frac{2}{L}\int_{a_1}^{a_2} \sin^2\left(\frac{\pi}{L}\right)x\, dx = \frac{1}{L}\left[x-\frac{L}{2\pi}\sin\left(\frac{2\pi}{L}x\right) + \text{const.}\right]_{a_1}^{a_2}$$

(a) $I=0.0908$． (b) $I=0.475$．

2・6 三角関数 $2\sin\alpha\sin\beta=\cos(\alpha-\beta)-\cos(\alpha+\beta)$ と，$\int \cos ax\, dx = (1/a)\sin ax$ の関係を利用．

$$I = \int_0^L A^2 \sin\frac{n\pi x}{L}\sin\frac{m\pi x}{L}\, dx$$

$$= \frac{A^2}{2}\left[\frac{L}{(n-m)\pi}\sin(n-m)\frac{\pi x}{L} - \frac{L}{(n+m)\pi}\sin(n+m)\frac{\pi x}{L} + \text{const.}\right]_0^L$$

n, m は正の整数でかつ $n\neq m$ に注目すれば，$\sin(n-m)\pi=0$，$\sin(n+m)\pi=0$ で，$I=0$．

第3章

3・1 $n=4$ の場合の可能な l と m_l は, $l=3$ ($m_l=3, 2, 1, 0, -1, -2, -3$), $l=2$ ($m_l=2, 1, 0, -1, -2$), $l=1$ ($m_l=1, 0, -1$), $l=0$ ($m_l=0$).

n に対して可能な軌道の総数は

$$\sum_{l=0}^{n-1}(2l+1) = n^2$$

したがって，主量子数 n の軌道に入り得る電子の最大数は $2n^2$.

3・2 式 (2・5) および式 (3・4) より，$R=1.0974\times10^7$ m^{-1}. Lyman 系列の $n_2=2\to n_1=1$ 遷移に対し，$\Delta E=1.635\times10^{-18}$ J, $\lambda=121.5$ nm. $3\to1$ 遷移: $\Delta E=1.938\times10^{-18}$ J, $\lambda=102.5$ nm. $4\to1$ 遷移: $\Delta E=2.044\times10^{-18}$ J, $\lambda=97.2$ nm. Balmer 系列の $n_3=3\to n_2=2$ 遷移に対し，$\Delta E=3.028\times10^{-19}$ J, $\lambda=656.1$ nm. $4\to2$ 遷移: $\Delta E=4.087\times10^{-19}$ J, $\lambda=486.0$ nm. $5\to2$ 遷移: $\Delta E=4.578\times10^{-19}$ J, $\lambda=433.9$ nm. イオン化エネルギー (IE) は $n=1\to\infty$ に対応，$IE=2.180\times10^{-18}$ J=13.61 eV, $\lambda<0.9117\times10^{-7}$ m=91.17 nm.

3・3 $\dfrac{d}{dr}(4\pi r^2 \Psi_{1s}^2) = 8\left(\dfrac{Z}{a_0}\right)^3 \left(r - \dfrac{Zr^2}{a_0}\right)\exp(-2Zr/a_0) = 0$

より $r_m=a_0/Z$. 確率最大の半径は Z に反比例して小さくなる．

3・4 ヒント: 3・5 節を参照し，イオン化する電子への核電荷，内殻電子のしゃへいの効果をもとに考察せよ．

3・5 エネルギーが等しく規格化，直交した二つの状態 ϕ_1, ϕ_2 に対し，

$\mathcal{H}\phi_1 = E\phi_1 \qquad \mathcal{H}\phi_2 = E\phi_2$

ϕ_1 と ϕ_2 の線形結合関数を $\phi'=C_1\phi_1+C_2\phi_2$ とする．ただし $C_2=(1-C_1^2)^{1/2}$.
$\mathcal{H}\phi' = \mathcal{H}(C_1\phi_1+C_2\phi_2) = C_1\mathcal{H}\phi_1+C_2\mathcal{H}\phi_2 = E(C_1\phi_1+C_2\phi_2) = E\phi'$.

ϕ' もエネルギー E をもつ $\mathcal{H}$ の固有関数であり，C_1 は任意の値を取り得る．ϕ' を ϕ_1' とすると，これに直交するもう一つの関数 ϕ_2' は，$\phi_2'=C_2\phi_1-C_1\phi_2$.

3・6 本文中図 3・7，図 3・8 における p$_z$ 関数の z 軸を含む面内の形に相当する．

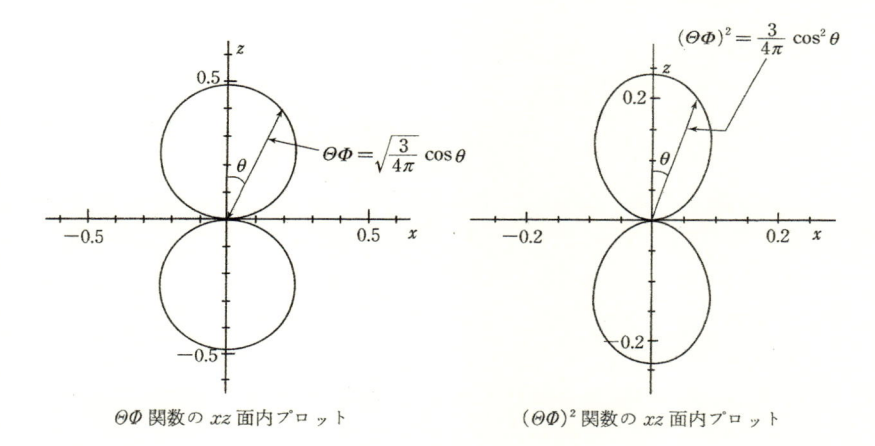

$\Theta\Phi$ 関数の xz 面内プロット

$(\Theta\Phi)^2$ 関数の xz 面内プロット

第4章

4・1 簡単化のため規格化の定数を無視すると，Heitler-London 法での波動関数は $\phi_{1s_A}(1)\phi_{1s_B}(2)+\phi_{1s_A}(2)\phi_{1s_B}(1)$.

同様に分子軌道法での波動関数は $\{\phi_{1s_A}(1)+\phi_{1s_B}(1)\}\{\phi_{1s_A}(2)+\phi_{1s_B}(2)\}=\phi_{1s_A}(1)\phi_{1s_B}(2)+\phi_{1s_A}(2)\phi_{1s_B}(1)+\phi_{1s_A}(1)\phi_{1s_A}(2)+\phi_{1s_B}(1)\phi_{1s_B}(2)$.

後者は二つの電子が A 上にある状態 A^-B^+ (第三項) と，二つの電子が B 上にある状態 A^+B^- (第四項) が，新たに前者に加わった形をもつ．すなわち Heitler-London 法ではイオン結合を無視した形をもつが，分子軌道法による式 (4・30) ではイオン結合の寄与が共有結合 (第一項，第二項) と対等 (1:1) に組み込まれた状態になっている．

4・2 (a) $1s\sigma, 1s\sigma^*$ への電子配置の記載を省略すると，$Li_2: (2s\sigma)^2$，σ 軌道による一重結合；$Be_2: (2s\sigma)^2(2s\sigma^*)^2$，安定な結合をつくらない；$B_2: (2s\sigma)^2(2s\sigma^*)^2(2p\pi_x)^1(2p\pi_y)^1$，2個の $2p\pi$ 軌道に電子が1個ずつ入り全体として一重結合，$C_2: (2s\sigma)^2(2s\sigma^*)^2(2p\pi_x)^2(2p\pi_y)^2$，$\pi$ 軌道による二重結合；$F_2: (2s\sigma)^2(2s\sigma^*)^2(2p\sigma)^2(2p\pi_x)^2(2p\pi_y)^2(2p\pi_x^*)^2(2p\pi_y^*)^2$，$2p\sigma$ による一重結合；$Ne_2: (2s\sigma)^2(2s\sigma^*)^2(2p\sigma)^2(2p\pi_x)^2(2p\pi_y)^2(2p\pi_x^*)^2(2p\pi_y^*)^2(2p\sigma^*)^2$，安定な結合をつくらない．

(b) ヒント：カチオンまたはアニオンとなったとき，結合性軌道にある電子

数，および反結合性軌道にある電子数がどのように変わるかをもとに判断せよ．

4・3 NH_3^+, $\cdot CH_3$： N および C は sp^2 混成状態にあり，N および C の 3 個の電子は三つの各混成軌道にあって H の 1s 軌道と σ 結合をつくる．N および C 上の残りの電子 1 個は分子平面に垂直にのびる p 軌道上に不対電子として存在する．

BeH_2： Be は sp 混成状態にあり，Be の 2 個の価電子は 2 個の混成軌道にあって H の 1s 軌道と σ 結合をつくる．

4・4 ヒント：核電荷の大きさ，電子によるしゃへいの効果をもとに，原子価電子（外殻電子）がどのように安定であるかを 3・5 節，3 章の問題 3・4 の議論をもとに考察せよ．

4・5 (a) 7.69 D. (b) イオン結合性は 76.5%．

4・6 アリルラジカルの π 分子軌道 $\psi = C_1\phi_1 + C_2\phi_2 + C_3\phi_3$ に対する永年行列式は

$$\begin{vmatrix} \alpha-E & \beta & 0 \\ \beta & \alpha-E & \beta \\ 0 & \beta & \alpha-E \end{vmatrix} = 0$$

これを解いて E を求め，さらにそれぞれの E に対する C_i を求めて

$E = \alpha + \sqrt{2}\,\beta \quad \psi_1 = (1/2)(\phi_1 + \sqrt{2}\,\phi_2 + \phi_3)$

$E = \alpha \quad\quad\quad\quad \psi_2 = (1/\sqrt{2})(\phi_1 - \phi_3)$

$E = \alpha - \sqrt{2}\,\beta \quad \psi_3 = (1/2)(\phi_1 - \sqrt{2}\,\phi_2 + \phi_3)$

したがって，$q_1 = q_2 = q_3 = 1$, $P_{12} = P_{23} = 1.707$．

4・7 (a) ブタジエンアニオン：$q_1 = q_4 = 1.3617$, $q_2 = q_3 = 1.1381$, $P_{12} = P_{34} = 1.6707$, $P_{23} = 1.5854$．

(b) ブタジエンカチオン：$q_1 = q_4 = 0.6381$, $q_2 = q_3 = 0.8618$, $P_{12} = P_{34} = 1.6707$, $P_{23} = 1.5854$．

4・8 両イオンともに Co^{III}, d^6 の系で，錯体は八面体六配位構造をもつ．$Co(NH_3)_6^{3+}$ イオンは NH_3 による強い結晶場のもと低スピン状態に，CoF_6^{3-} イオンでは F^- イオンの弱い結晶場で高スピン状態にある．

章末問題の解答　165

第5章

5・1　ポテンシャル極小点の位置，その深さ，全ポテンシャルエネルギーへの6乗項，12乗項の寄与の r 依存性などに注目し，比較せよ．

5・2　$dV(r)/dr=0$ よりポテンシャル極小点の r が容易に求まる．さらに $V(r)$ の表現より，この r でのポテンシャルエネルギーの値，$R=\sigma$ で $V(r)=0$ であることを示すことは容易である．

5・3　式 (5・4) より $V=-1.28\times10^{-20}$ J $=-7.72$ kJ mol^{-1}．

5・4　5・5節の議論から，電子供与体のイオン化ポテンシャルの減少とともに，電荷移動吸収帯が長波長にシフトすることは容易に説明できる．また同時に相互作用エネルギーは増加する．

第6章

6・1　(a)　4

(b)　アボガドロ定数を N_A と置くと，モル体積 $=(1/4)\times N_A\times(0.5641\times10^{-9})^3$ m^3，モル質量 $=58.44$ g mol^{-1}，密度 $=$ モル質量/モル体積から $N_A=6.021\times10^{23}$．

6・2　(a)　最隣接の格子点間隔は，単純立方格子 (sc)，体心立方格子 (bcc)，面心立方格子 (fcc) でそれぞれ，$a, (\sqrt{3}/2)a, (1/\sqrt{2})a$．この格子点にある原子の球が互いに接することになるので，sc では $a=2r$, bcc では $a=(4/\sqrt{3})r$, fcc では $a=(2\sqrt{2})r$．

(b)　sc：1個，bcc：2個，fcc：4個．

(c)　球体により占められている体積の割合：sc：0.52, bcc：0.68, fcc：0.74.

6・3　(a)　NaCl：6, CsCl：8.

(b)　NaCl：$2r_a=a/\sqrt{2}, 2(r_a+r_c)=a$ より $r_c=(\sqrt{2}-1)a/\sqrt{2}$. $\therefore r_c/r_a=\sqrt{2}-1=0.414$.
CsCl：$2r_a=a, 2(r_a+r_c)=(\sqrt{3}-1)a$. $\therefore r_c/r_a=\sqrt{3}-1=0.732$.

(c)　NaCl：$r_c/r_a=0.695>0.414$, CsCl：$r_c/r_a=1.084>0.732$. いずれも理想的な配置が達成される条件と比べて，カチオンの半径が相対的に大きい．したがって，アニオンとカチオンは接触しているが，アニオンどうしは

(d) AgCl: $r_c/r_a=0.772$ で理想的単純格子の場合の r_c/r_a に近い値をもつ．したがって，単純立方晶系に属するであろう．

第7章

7・1 HCl, OCS, H$_2$O, CH$_3$Cl, CH$_2$Cl$_2$ （永久双極子モーメントをもつ分子）．

7・2 (a) ^{16}O^{12}C^{32}S：$\Delta\nu=2B/h$ より各遷移間の $\Delta\nu$ の実測平均値を用い $I=1.37996\times10^{-45}$ m^2 kg．^{16}O^{12}C^{34}S：両遷移間の周波数差 $\Delta\nu=4B/h=23.73007$ GHz より，$I=1.41458\times10^{-45}$ m^2 kg．

(b) ^{16}O^{12}C^{32}S に対する I を I_A とし，^{16}O^{12}C^{34}S に対する I を I_B と置く．また ^{32}S に対する m を m_S とし，^{34}S に対する m を $m_S+\Delta m_S$，また $m_C+m_O+m_S=m$ と置く．

$$I_A=\frac{m_O m_C r_{CO}^2+m_O m_S(r_{CO}+r_{CS})^2+m_C m_S r_{CS}^2}{m_O+m_C+m_S}$$ より

$$I_A m=m_O m_C r_{CO}^2+m_O m_S(r_{CO}+r_{CS})^2+m_O m_S r_{CS}^2$$

同様にして，

$$I_B(m+\Delta m_S)=m_O m_S r_{CO}^2+m_O m_S(r_{CO}+r_{CS})^2+m_O \Delta m_S(r_{CO}+r_{CS})^2$$
$$+m_O m_S r_{CS}^2+m_C \Delta m_S r_{CS}^2$$
$$=I_A m+m_O \Delta m_S(r_{CO}+r_{CS})^2+m_C \Delta m_S r_{CS}^2$$

これらから

$$m_O(r_{CO}+r_{CS})^2+m_C r_{CS}^2=\frac{mI_A-m_O m_C r_{CO}^2}{m_S},$$

$$m_O(r_{CO}+r_{CS})+m_C r_{CS}^2=\frac{I_B(m+\Delta m_S)-mI_A}{\Delta m_S}$$

を得る．さらにこの2式より

$$\frac{I_B(m+\Delta m_S)-mI_A}{\Delta m_S}=\frac{mI_A-m_O m_C r_{CO}^2}{m_S}$$

$$\therefore r_{CO}^2=\frac{mI_A}{m_C m_O}\left(1+\frac{m_S}{\Delta m_S}\right)-\frac{m_S I_B(m+\Delta m_S)}{m_C m_O \Delta m_S}$$

既知数値を入れることで $r_{CO}=0.1158$ nm．これをはじめの式に代入して，$r_{CS}=0.1564$ nm を得る．

7・3 $\mu_{HF}=1.589\times10^{-27}$ kg, $\mu_{HCl}=1.626\times10^{-27}$ kg, $\mu_{DF}=3.023\times10^{-27}$ kg, $\mu_{DCl}=3.162\times10^{-27}$ kg であるから, HF と HCl の力の定数は, $k_{HF}=4\pi^2c_0^2\mu\nu^2=9.657\times10^2$ N m^{-1}, $k_{HCl}=5.155\times10^2$ N m^{-1}. DF と DCl の基準振動数は $\nu_{DF}=(1/2\pi c_0)(k/\mu)^{1/2}=3\,000$ cm^{-1}, $\nu_{DCl}=2\,143.4$ cm^{-1}.

7・4 Y—X—Y 型分子については 7・5 節参照. C—X—Y 型では, 3 通りの振動すべてが赤外にもラマンにも活性.

7・5 $k=4\pi^2\nu^2c_0^2\mu_{CO}=931$ N m^{-1} ($\mu_{CO}=1.139\times10^{-26}$ kg), k の値は基底状態より小さくなっている.

7・6 ・CH$_3$: 分裂幅 2.28 mT での 1:3:3:1 強度比の 4 本線パターン. 両端の吸収線の間の間隔 6.84 mT. ・CD$_3$: 分裂幅 0.35 mT での 1:3:6:7:6:3:1 強度比の 7 本線パターン. 両端の吸収線の間隔は 2.10 mT.

7・7 0.762 mT の超微細分裂は 1, 4 位のプロトンに, 0.270 mT の超微細分裂は 2, 3 位のプロトンによる. 不対電子密度と超微細分裂定数の比例定数を Q とし (符合を無視), 各炭素上の不対電子密度の総和が 1 であることを考慮すると, $Q=2.064$ mT. 1, 4 および 2, 3 の位置の不対電子密度 $\rho_{1,4}$, $\rho_{2,3}$ が, それぞれ 0.369, 0.131 と求まる. HMO による不対電子密度は, 不対電子軌道が ψ_3 であるから, $\rho_{1,4}=C_{31}^2=0.602^2=0.362$, $\rho_{2,3}=C_{32}^2=(-0.372)^2=0.138$ (実際には超微細分裂定数の符合は負, したがって Q の値は負であるが, ESR からは超微細分裂定数の符合は定まらないので, ここでは符合を無視した).

7・8 $\dfrac{N_\beta}{N_\alpha}=\exp\left(\dfrac{-\Delta E}{kT}\right)$, $\Delta E\ll kT$ のとき $\exp\left(-\dfrac{\Delta E}{kT}\right)\fallingdotseq1-\left(\dfrac{\Delta E}{kT}\right)$ の関係を利用
$\dfrac{N_\alpha-N_\beta}{N_\alpha+N_\beta}\fallingdotseq\dfrac{\Delta E}{2kT}$

4.7 T におけるプロトンの共鳴周波数は $\nu=200.1$ MHz. これから ΔE を得て $(N_\alpha-N_\beta)/(N_\alpha+N_\beta)=1.61\times10^{-5}$. 同じ磁場強度での ^{13}C の共鳴周波数 $\nu=50.3$ MHz. したがって, $(N_\alpha-N_\beta)/(N_\alpha+N_\beta)=4.05\times10^{-6}$.

付表 A SI基本単位の名称と記号

物理量	物理量の記号	SI単位の名称	SI単位の記号
長さ	l	メートル	m
質量	m	キログラム	kg
時間	t	秒	s
電流	I	アンペア	A
熱力学的温度	T	ケルビン	K
物質の量	n	モル	mol
光度	I_v	カンデラ	cd

付表 B SI誘導単位の例

物理量	SI単位の名称	SI単位の記号	SI単位の定義
力	ニュートン	N	$\mathrm{m\ kg\ s^{-2}}$
圧力,応力	パスカル	Pa	$\mathrm{m^{-1}\ kg\ s^{-2}}\ (=\mathrm{N\ m^{-2}})$
エネルギー	ジュール	J	$\mathrm{m^2\ kg\ s^{-2}}$
仕事率	ワット	W	$\mathrm{m^2\ kg\ s^{-3}}\ (=\mathrm{J\ s^{-1}})$
電荷	クーロン	C	$\mathrm{s\ A}$
電位差	ボルト	V	$\mathrm{m^2\ kg\ s^{-3}\ A^{-1}}\ (=\mathrm{J\ A^{-1}\ s^{-1}})$
電気抵抗	オーム	Ω	$\mathrm{m^2\ kg\ s^{-3}\ A^{-2}}\ (=\mathrm{V\ A^{-1}})$
コンダクタンス	ジーメンス	S	$\mathrm{m^{-2}\ kg^{-1}\ s^3\ A^2}\ (=\mathrm{A\ V^{-1}}=\Omega^{-1})$
電気容量	ファラッド	F	$\mathrm{m^{-2}\ kg^{-1}\ s^4\ A^2}\ (=\mathrm{A\ s\ V^{-1}})$
磁束	ウェーバー	Wb	$\mathrm{m^2\ kg\ s^{-2}\ A^{-1}}\ (=\mathrm{V\ s})$
インダクタンス	ヘンリー	H	$\mathrm{m^2\ kg\ s^{-2}\ A^{-2}}\ (=\mathrm{V\ A^{-1}\ s})$
磁束密度	テスラ	T	$\mathrm{kg\ s^{-2}\ A^{-1}}\ (=\mathrm{V\ s\ m^{-2}})$
振動数(周波数)	ヘルツ	Hz	$\mathrm{s^{-1}}$

付表 C SI位どり接頭語

大きさ	接頭語	記号	大きさ	接頭語	記号
10^{-1}	デシ	d	10	デカ	da
10^{-2}	センチ	c	10^{2}	ヘクト	h
10^{-3}	ミリ	m	10^{3}	キロ	k
10^{-6}	マイクロ	μ	10^{6}	メガ	M
10^{-9}	ナノ	n	10^{9}	ギガ	G
10^{-12}	ピコ	p	10^{12}	テラ	T
10^{-15}	フェムト	f	10^{15}	ペタ	P
10^{-18}	アット	a	10^{18}	エクサ	E

付表 D　基本物理定数

物理量	記号, 数値, 単位
光速度（真空中）	$c_0 = 2.99792 \times 10^8$ m s^{-1}
電子の電荷（電気素量）	$e = 1.60218 \times 10^{-19}$ C
プランク定数	$h = 6.62608 \times 10^{-34}$ J s
アボガドロ定数	$N_A = 6.02214 \times 10^{23}$ mol^{-1}
電子の静止質量	$m_e = 9.10939 \times 10^{-31}$ kg
陽子の静止質量	$m_p = 1.67262 \times 10^{-27}$ kg
中性子の静止質量	$m_n = 1.67495 \times 10^{-27}$ kg
ファラデー定数	$F = 9.64853 \times 10^4$ C mol^{-1}
気体定数	$R = 8.31451$ J K^{-1} mol^{-1}
	$= 8.20575 \times 10^{-5}$ m^3 atm K^{-1} mol^{-1}
ボルツマン定数	$k = 1.38066 \times 10^{-23}$ J K^{-1}
重力定数	$G = 6.67259 \times 10^{-11}$ N m^2 kg^{-2}
自由落下の標準加速度	$g_n = 9.80665$ m s^{-2}
絶対零度	-273.15 ℃
真空の透磁率	$\mu_0 = 1.25664 \times 10^{-6}$ H m^{-1}
真空の誘電率	$\varepsilon_0 = 8.85419 \times 10^{-12}$ F m^{-1}
ボーア半径	$a_0 = 5.29177 \times 10^{-11}$ m
理想気体のモル体積	
（273.15 K, 1 atm）	$V_m = 2.24141 \times 10^{-2}$ m^3 mol^{-1}
（273.15 K, 10^5 Pa）	$V_c = 2.27111 \times 10^{-2}$ m^3 mol^{-1}

付表 E　エネルギーの換算表

	eV	J	cm^{-1}	kJ mol^{-1}	kcal mol^{-1}
1 eV	1	1.602177×10^{-19}	8065.541	96.4853	23.0605
1 J	6.241506×10^{18}	1	5.034113×10^{22}	6.022137×10^{20}	1.439325×10^{20}
1 cm^{-1}	1.239842×10^{-4}	1.986447×10^{-23}	1	1.196266×10^{-2}	2.85914×10^{-3}
1 kJ mol^{-1}	1.036427×10^{-2}	1.660540×10^{-21}	83.59346	1	0.239006
1 kcal mol^{-1}	4.336411×10^{-2}	6.947700×10^{-21}	349.7550	4.184	1

付録　Hückel 分子軌道法

4・7節でブタジエンの π 分子軌道について述べた．ここでは，そこで示された分子軌道関数やエネルギー値がどのようにして求められたかをもう少していねいに解説する．ここでとりあげる方法は，分子軌道理論のうちもっとも取扱いの簡単な Hückel 法に基づいている．この方法は徹底した近似を含みながらも π 共役系の諸性質や特徴を比較的よく説明することができるので，頻繁に用いられる．まず一般論について述べてみよう．

4・7節で示したように，分子軌道法では分子軌道関数を，関与する各原子軌道関数の線形結合で表す．

$$\psi = C_1\phi_1 + C_2\phi_2 + \cdots + C_n\phi_n \tag{1}$$

共役系の π 軌道に対しては ϕ_r は r 番目の炭素上の p 軌道関数である．係数 $C_r(r=1,\cdots,n)$ は変分法により求める．変分法とは試行関数のうち最低のエネルギーを与える関数が真実のものにもっとも近いという変分原理に基づいている．

さて，この系のエネルギーを Schrödinger 方程式をもとに次式により表す．

$$E = \int \psi^* \hat{\mathcal{H}} \psi \mathrm{d}\tau \Big/ \int \psi^* \psi \mathrm{d}\tau \tag{2}$$

ψ が実関数のときは

$$E = \int \psi \hat{\mathcal{H}} \psi \mathrm{d}\tau \Big/ \int \psi^2 \mathrm{d}\tau \tag{3}$$

ここで，エネルギー関数を最小にするような C_r は

$$\frac{\partial E}{\partial C_1} = 0, \quad \frac{\partial E}{\partial C_2} = 0, \quad \cdots, \quad \frac{\partial E}{\partial C_n} = 0 \tag{4}$$

の条件を満たす C_r を求めればよい．そこで，式(1)を式(3)に代入し

$$\begin{aligned} E &= \frac{\int \sum_r (C_r\phi_r) \hat{\mathcal{H}} \sum_r (C_r\phi_r) \mathrm{d}\tau}{\int (\sum_r C_r\phi_r)^2 \mathrm{d}\tau} \\ &= \frac{\sum_r \sum_s C_r C_s \int \phi_r \hat{\mathcal{H}} \phi_s \mathrm{d}\tau}{\sum_r \sum_s C_r C_s \int \phi_r \phi_s \mathrm{d}\tau} = \frac{\sum_r \sum_s C_r C_s H_{rs}}{\sum_r \sum_s C_r C_s S_{rs}} \end{aligned} \tag{5}$$

式(5) の H_{rs} は $\int \phi_r \mathcal{H} \phi_s \mathrm{d}\tau$ であり，S_{rs} は重なりの積分 $\int \phi_r \phi_s \mathrm{d}\tau$ である．式(5)を書き直すと

$$E(C_1C_1S_{11}+C_1C_2S_{12}+\cdots+C_1C_nS_{1n}+C_2C_1S_{21}+\cdots+C_nC_nS_{nn})$$
$$=(C_1C_1H_{11}+C_1C_2H_{12}+\cdots+C_nC_nH_{nn}) \tag{6}$$

式(4) より次のような n 個の方程式が求まる．

$$\begin{aligned}
C_1(H_{11}-ES_{11})+C_2(H_{12}-ES_{12})+\cdots+C_n(H_{1n}-ES_{1n}) &= 0 \\
C_1(H_{21}-ES_{21})+C_2(H_{22}-ES_{22})+\cdots+C_n(H_{2n}-ES_{2n}) &= 0 \\
&\vdots \\
C_1(H_{n1}-ES_{n1})+C_2(H_{n2}-ES_{n2})+\cdots+C_n(H_{nn}-ES_{nn}) &= 0
\end{aligned} \tag{7}$$

この連立方程式がすべての C_r に対し $C_r=0$ 以外の解を与えるためには，係数の行列式が0でなければならない．すなわち

$$\begin{vmatrix} H_{11}-ES_{11}, & H_{12}-ES_{12}, & \cdots, & H_{1n}-ES_{1n} \\ H_{21}-ES_{21}, & H_{22}-ES_{22}, & \cdots, & H_{2n}-ES_{2n} \\ & & \vdots & \\ H_{n1}-ES_{n1}, & H_{n2}-ES_{n2}, & \cdots, & H_{nn}-ES_{nn} \end{vmatrix} = 0 \tag{8}$$

ここで，ハミルトニアンの性質より，$H_{rs}=H_{sr}$，また波動関数が実関数であれば $S_{rs}=S_{sr}$ である．式(8)を永年行列式（secular equation）とよぶ．

以上の永年行列式を展開すると E に関する n 次の方程式となり，E の n 個の根が求まる．これが n 個の分子軌道に対するエネルギー値である．このようにして得られた n 個の E の値それぞれについて，これらを式(7)に代入し，さらに規格化の条件 $\int \psi^2 \mathrm{d}\tau = 1$ を含めて連立方程式を解くと，n 個の E に対応するそれぞれの分子軌道関数の係数 C_n が求まる．

実際の計算にあたっては，Hückel 分子軌道法では積分 H_{rs}, S_{rs} に対し次のような近似を取り入れ，計算を大幅に簡略化している．

（1） $s=r$ のとき H_{rr} をクーロン積分（Coulomb integral）とよぶが，すべての炭素に対し，これを一定値 α に等しいと置く．

（2） $s \neq r$ のとき H_{rs} を共鳴積分（resonance integral）とよび，r と s が互いに結合している場合は β に等しく，そうでない場合は0と置く．

（3） 重なり積分 S_{rs} は，$r=s$ のときは1に等しく，そのほかはすべて0とする．

α, β の値はともに理論的に求めることができるが，実際には実験により決定される

付録　Hückel 分子軌道法

パラメーターとして取り扱われ，積分の計算を行う必要はない．
　ここで，4・7 節で述べたブタジエンの π 軌道を例に，上記の方法を具体的に示してみよう．
　図 4・17 に示したブタジエンの π 軌道は式(4・41)にも示したように次式で表される．

$$\psi = C_1\phi_1 + C_2\phi_2 + C_3\phi_3 + C_4\phi_4 \tag{9}$$

また，式(8)の永年行列式は，上記 Hückel の近似のもとでは

$$\begin{vmatrix} \alpha-E & \beta & 0 & 0 \\ \beta & \alpha-E & \beta & 0 \\ 0 & \beta & \alpha-E & \beta \\ 0 & 0 & \beta & \alpha-E \end{vmatrix} = 0 \tag{10}$$

　式(10)から，この行列を満たす E を求めるのであるが，その前に次のような操作により行列をさらに簡略化する．すなわち，各行列要素を β で割り，$(\alpha-E)/\beta = x$ と置くと

$$\begin{vmatrix} x & 1 & 0 & 0 \\ 1 & x & 1 & 0 \\ 0 & 1 & x & 1 \\ 0 & 0 & 1 & x \end{vmatrix} = 0 \tag{11}$$

となる．これは $x^4 - 3x^2 + 1 = 0$ のように展開できる．これを解いて

$$x = \frac{-1 \pm \sqrt{5}}{2}, \quad \frac{1 \pm \sqrt{5}}{2} \tag{12}$$

が求まる．その結果分子軌道のエネルギーを E として表 4・3 に示したように

$$E = \alpha \pm 1.618\beta, \quad \alpha \pm 0.618\beta \tag{13}$$

が得られる．
　一方，ブタジエンの π 軌道に対する式(7)は，式(11)に対するときと同じ置き換えを行うと

$$\begin{aligned} C_1 x + C_2 &= 0 \\ C_1 + C_2 x + C_3 &= 0 \\ C_2 + C_3 x + C_4 &= 0 \\ C_3 + C_4 x &= 0 \end{aligned} \tag{14}$$

これに規格化の条件

$$C_1{}^2 + C_2{}^2 + C_3{}^2 + C_4{}^2 = 1$$

を加えて，各 x の値に対して連立方程式を解くと，各 x に対する C_1, C_2, C_3, C_4 が求まり，表4・3に示した波動関数が得られる．

　なお，ここでは共役系が炭素骨格からなる系についてのみ述べたが，炭素が窒素や酸素などにより置き換えられた系の問題は，他の成書を参考にされたい．

索　引

あ行

アセチレン分子	76
アモルファス金属	121
R 枝	140
αスピン	45
α-ヘリックス	103
ESR	150
イオン化エネルギー	52
イオン結合	111
イオン性	
結合の——	71
異核二原子分子	71
一重項状態	63
CO 分子	133
ウェルナー型錯体	87
運動量	25
永久双極子モーメント	96
SI 単位	10
sp 混成	77
sp^2 混成	77
sp^3 混成	79
エチレン分子	77, 91
HOMO	86
NMR	154
n 型半導体	117
n→π^* 遷移	146
エネルギー量子	9
LUMO	86
演算子	28

か行

オルトギ酸エチル	155
回転スペクトル	131
化学シフト	156
化学熱力学	3
角運動量	38
核磁気共鳴	153
核磁気モーメント	153
核磁子	154
核の g 因子	154
確率関数	28, 31
重なりの積分	59, 69
ガラス状態	122
換算質量	133
規格化の条件	29
基準振動	142
基底状態	145
軌道エネルギー準位	48
軌道関数	37
基本単位	11
逆対称伸縮振動	142
Q 枝	140
吸収分光学	129
境界条件	30
共役二重結合系	80
共有結合	58, 113
極座標	36
極性結合	73
許容遷移	130
禁制遷移	130
金属結合	114

空孔	116
グラファイト	113
クーロン積分	82
クーロン相互作用エネルギー	112
蛍光スペクトル	148
結合エネルギー	112
結合次数	84
結合性軌道	65
結合のイオン性	71
結晶格子	117
結晶場理論	87
原子価結合法	58
原子価電子	67
元素	
――の周期性	47
――の電子配置	49
項間交差	148
交換積分	82
交換反発力	99, 100
交互炭化水素	85
光子	18
格子	118
高次構造	103
高スピン状態	89
構成原理	47
光電効果	17
光量子	18
黒体	15
固有関数	28
固有値	28
固有値方程式	28
孤立電子対	86
混成軌道	75
Compton 効果	22

さ行

酢酸	102
酢酸エチル	143
三重項状態	63, 151
三重項分子	151
酸素	71

g 因子	153
紫外可視吸収スペクトル	145
磁気モーメント	149
磁気量子数	37
σ 結合	76
$\sigma \to \sigma^*$ 遷移	146
仕事関数	18
しゃへい効果	48, 156
周期性	
元素の――	47
周期表	46
自由電子ポテンシャル箱模型	114
縮重	39
主量子数	37
Schrödinger 方程式	27
昇華エネルギー	113
親水性	102
振動回転スペクトル	139
振動スペクトル	135
多原子分子の――	141
水素型原子	36
水素結合	101, 117
水素原子スペクトル	19
水素分子	58
水素分子イオン	63
スピン角運動量	45
スピン-軌道相互作用	45
スピン-スピン結合	156
スピン量子数	45
正八面体型錯体	87
赤外活性	142
赤外スペクトル	142
節面	69
ゼーマン分裂	149
遷移確率	130
遷移元素	86
線形結合	59
選択則	130
双極子間の相互作用	97
双極子モーメント	96
疎水性	102

た行

第一イオン化エネルギー	53
対応原理	32
対称関数	62
対称こま分子	134
対称伸縮振動	141
ダイヤモンド	113
多原子分子の振動スペクトル	141
単位胞	118
力の定数	136
窒素	70
超微細相互作用	153
調和振動子	136
ツァイゼ塩	90
d 軌道電子	86
低スピン状態	89
電荷移動錯体	103
電荷移動スペクトル	106
電荷移動相互作用	104
電気陰性度	73
電気双極子-双極子相互作用	96
電気双極子モーメント	74
電子供与体	104
電子受容体	104
電子親和力	52
電子スピン	44
電子スピン共鳴	149, 150
電子スペクトル	144
電磁波	126
電子配置	46
元素の――	49
等核二原子分子	67
統計熱力学	10
動径分布関数	41
特殊相対性理論	8
特性振動数	143
de Broglie 波	23

な行

内殻電子	53
二原子分子	67
二酸化炭素	142
熱放射	15

は行

配位結合	86
配位子	86
配位子場理論	87
π 結合	76
排他原理	
Pauli の――	45
Heitler-London の理論	58
π 電子	83
π 電子エネルギー	83
$\pi \to \pi^*$ 遷移	146
Pauli の排他原理	45
箱の中の粒子	29
Paschen 系列	20
発光分光学	129
波動関数	27
ハミルトン演算子	27
Balmer 系列	20
Born-Oppenheimer 近似	59
反結合性軌道	65
反対称関数	62
半導体	114, 116
バンド構造	115
Hund の規則	52
反応速度論	4
p 型半導体	117
P 枝	140
非ウェルナー型錯体	90
非共有電子対	86
非局在化エネルギー	83
非交互炭化水素	85
非晶系	121
非晶質固体	121

Hückel 近似   82

van der Waals 結合   110
van der Waals 相互作用   99
van der Waals 半径   101
Fermi 準位   116
フェロセン分子   86
不確定性原理   25
ブタジエン   80
不対電子   71, 150
物質波   24
物理化学史   5
Bravais 格子   119
Franck-Condon の原理   146
プランク定数   16
フロンティア軌道理論   86
分極率   96, 143
分散力   99
分子化合物   104
分子間相互作用   95
分子軌道法   63
分子性結晶   110

閉 殻   52
平衡核間距離   60
β スピン   45
変角振動   142
ベンゼン分子   78
変分法   82

Bohr 磁子   149
Bohr の原子模型   19
Bohr 半径   22
方位量子数   37
ポテンシャルエネルギー曲線   60, 145
ポテンシャル曲線   136
ポリペプチド   103
ボルツマン定数   16, 131
Boltzmann 分布式   131
ホルムアルデヒド   146

ま行

Madelung 定数   112
水分子   2, 142
無放射失活   147
メタノールラジカル   151
メタン分子   75, 79

や行

誘起双極子   97
誘起双極子モーメント   96
誘導単位   11

ら行

ラジカル   151
ラマンスペクトル   143
ラマン分光   129

粒 子
   箱の中の——   29
リュードベリ定数   19
量子仮説   17
量子数   30
量子論   4, 14
両親媒性分子   102
りん光   148
励起一重項状態   148
励起三重項状態   148
励起状態   145
零点エネルギー   31
Lyman 系列   20
Lennard-Jones のポテンシャル   99

London の式   99

著者の現職

池上雄作：東北大学名誉教授
岩泉正基：東北大学名誉教授
手老省三：東北大学多元物質科学研究所教授

化学教科書シリーズ
第2版 物理化学I―物質の構造―

平成12年4月20日　発　　　行
令和6年3月20日　第14刷発行

著作者　池　上　雄　作
　　　　岩　泉　正　基
　　　　手　老　省　三

発行者　池　田　和　博

発行所　丸善出版株式会社
〒101-0051 東京都千代田区神田神保町二丁目17番
編集：電話(03)3512-3262／FAX(03)3512-3272
営業：電話(03)3512-3256／FAX(03)3512-3270
https://www.maruzen-publishing.co.jp

© Yusaku Ikegami, Masamoto Iwaizumi,
　Shozo Tero, 2000

組版／株式会社 精興社
印刷・製本／大日本印刷株式会社

ISBN 978-4-621-04756-9 C 3343　　　Printed in Japan

本書の無断複写は著作権法上での例外を除き禁じられています。

──化学教科書シリーズ──

塩川二朗・松田治和・松田好晴・谷口　宏 監修

基 礎 化 学	野村　良紀・中村　吉伸 著	2,500 円
一 般 化 学	竹本　喜一・伊藤　克子 著	2,900 円
基 礎 無 機 化 学	塩川　二朗 著	2,900 円
第2版 無機化学概論	小倉興太郎 著	2,800 円
第2版　物理化学 I 　　物質の構造	池上雄作・岩泉正基・手老省三 著	2,400 円
第2版　物理化学 II 　　熱力学・速度論	〃	2,500 円
分 析 化 学 概 論	田中　稔・澁谷康彦・庄野利之 著	3,400 円
第2版 有機工業化学	松田治和・野村正勝・池田　功・ 馬場章夫・野村良紀 著	2,800 円
電 気 化 学 概 論	松田　好晴・岩倉　千秋 著	2,900 円
固体化学の基礎と無機材料	足立　吟也 編著	3,700 円
錯体・有機金属の化学	松林玄悦・黒沢英夫・芳賀正明・ 松下隆之 著	2,800 円
高 分 子 材 料 化 学	竹本　喜一 著	3,000 円
第3版 環境化学概論	田中　稔・角井伸次・芝田育也・ 庄野利之・澁谷康彦・森内隆代 著	2,500 円
化 学 工 学 概 論	大竹　伝雄 著	3,000 円

表示は本体価格，税別